Python

実践
Python
ライブラリー

Kivy
プログラミング

Pythonでつくる
マルチタッチアプリ

久保幹雄 [監修]
原口和也 [著]

朝倉書店

まえがき

　Kivy は，Python 言語のオープンソースライブラリの 1 つである．この Kivy を用いれば，マルチタッチ操作に対応したアプリを開発することができる．
　Xcode や Android Studio など，マルチタッチアプリの開発環境は様々なものが世に出回っているが，Kivy の利点として，Python でアプリを開発できることが挙げられる．Python は近年注目を集めているプログラミング言語の 1 つだが，Kivy はこの Python でアプリを開発することのできる稀少なツールの 1 つである．Kivy を用いれば，Python が持つ様々なライブラリを利用したアプリを開発することも可能である．またもう 1 つの利点はクロスプラットフォームである．すなわち，Windows，macOS，Linux など，主要 OS のいずれの上でも開発することができ，同じように動作させることができる．そして開発した Python プログラムを，これらの OS はもちろんのこと，iOS や Android のアプリとしてビルドすることもできる．
　上に挙げたような利点がある一方で，Kivy は初心者に馴染みやすいとは言い難い．残念なことに，公式サイトは英語のみで，Kivy プログラミングの基本を日本語で解説する資料はほとんど見当たらない．ウェブには有益な情報も少なからず転がっているが，いかんせん断片的であり，検索を繰り返しながら学ぶのは骨が折れる．そこで本書では，読者が読み進めるうちに Kivy プログラミングを自然に習得できるように指南することを試みる．読者には高度な Python の知識を要求しない．リスト，タプル，辞書に関する基本的な操作や，条件分岐 (if 文) と反復 (for 文，while 文) が正しく書け，オブジェクト指向とは何かをおおまかに理解していれば十分である．
　本書の最大の目標は，魔方陣パズルとマッチメイカーという 2 つのサンプルアプリを，読者が開発できるようになることである．これらのアプリを開発するため，ウィジェット，イベントとプロパティ，KV 言語，キャンバスといった，Kivy プログラミングの基本を押さえる．また学習を補強するため，ほとんどの章で演習を行う．読者が本書を読み終えたときには，Kivy を自在に使いこなし，ある程度の規模およびレベルにあるアプリを作れるようになっているだろう．
　執筆にあたり，Kivy に対する理解を深める必要があった．このため著者自身いくつ

かのアプリを開発し，また担当学生にもアプリ開発の指導を行ってきた．アプリのアイディアと開発のモチベーションを与え，テストプレイに積極的に協力し，数多くの示唆をくれた，小樽商科大学・原口ゼミのメンバーと家族に感謝する．開発したアプリの一部は App Store や著者のウェブサイト (`https://sites.google.com/site/kivyprogsup/home`) から無償で入手可能である．このサイトでは本書に現れるソースコードや演習問題の解答もダウンロード可能である．また東京海洋大学の久保幹雄氏，橋本英樹氏，および両氏の研究室のメンバーには輪読を通じて数多くのコメントを寄せていただいた．ここに改めて感謝する．

また著者は，Kivy の公式サイトのドキュメンテーションを邦訳するプロジェクト (kivy-doc-ja: `https://pyky.github.io/kivy-doc-ja/`) にも参加してきた．飛び入りで参加した著者を快く受け入れていただき，ともに従事させていただいた，岡崎潤氏をはじめとするメンバーにこの場を借りて謝意を示したい．当該プロジェクトを通じて得られた知見が，本書の執筆にとってきわめて有益であったことは言うまでもない．さらに執筆に際して様々なご協力をいただいた，朝倉書店編集部の方々にも厚く御礼申し上げたい．

本書で使用した Python のバージョンは 3.5.2，Kivy のバージョンは 1.10.0 である．ただしすべてのソースコードは Python2 系でも稼働する．スクリーンショットは，特に断りがない限り，Linux (Ubuntu 16.04) の環境で撮影したものである．URL などウェブに関する情報は，2017 年 9 月現在のものである．

2018 年 5 月

原 口 和 也

目　　次

1. **Kivy を学ぶための準備** ･･･ 1
   1.1 Kivy について ･･･ 1
      1.1.1 バージョン ･･･ 1
      1.1.2 利　　点 ･･･ 2
      1.1.3 プログラミング面の特徴 ･･････････････････････････････････ 4
   1.2 目標とするサンプルアプリ ･･･････････････････････････････････ 4
      1.2.1 魔方陣パズル ･･･ 4
      1.2.2 マッチメイカー ･･ 5
   1.3 本書の構成 ･･･ 7
   1.4 インストールから実行まで ･････････････････････････････････････ 8
      1.4.1 インストール手順 ･･･ 8
      1.4.2 ライブラリの構成 ･･････････････････････････････････････   10
      1.4.3 プログラムの構成と実行方法 ･････････････････････････････   11
      1.4.4 Hello, world. ･･･   11
   1.5 公式サイト上の教材 ･･･   12

2. **ウィジェット** ･･   14
   2.1 GUI 構成の基本的な考え方 ･･････････････････････････････････   14
      2.1.1 ウィジェットツリー ･･･････････････････････････････････････   14
      2.1.2 ウィジェットの種類 ･･･････････････････････････････････････   15
   2.2 ウィジェットツリーの構築 ･･･････････････････････････････････   18
      2.2.1 Python スクリプトの構造 ･･･････････････････････････････   18
      2.2.2 どのようにツリーを構築するのか ･････････････････････････   19
      2.2.3 より複雑な構造へ ･･   21
   2.3 ウィジェットのサイズと位置 ･････････････････････････････････   24
      2.3.1 絶対座標系と相対座標系 ･･････････････････････････････････   25
      2.3.2 絶対指定と相対指定 ･･････････････････････････････････････   25
      2.3.3 サイズの指定 ･･･   25

目次

- 2.3.4 位置の指定 …………………………………… 28
- 2.3.5 数値の単位 …………………………………… 30
- 2.4 日本語の取扱い ……………………………………… 30
- 2.5 演習問題 ……………………………………………… 31

3. イベントとプロパティ …………………………………… 34
- 3.1 プロパティイベント ………………………………… 34
  - 3.1.1 プロパティ …………………………………… 34
  - 3.1.2 プロパティイベント ………………………… 37
- 3.2 クロックイベント …………………………………… 38
- 3.3 タッチイベント ……………………………………… 40
- 3.4 演習問題 ……………………………………………… 45

4. KV 言語 ……………………………………………………… 47
- 4.1 概要 …………………………………………………… 47
- 4.2 基本 …………………………………………………… 48
  - 4.2.1 どこに書くか ………………………………… 48
  - 4.2.2 クラスルールとウィジェットルール ……… 49
- 4.3 文法 …………………………………………………… 53
  - 4.3.1 プロパティ …………………………………… 54
  - 4.3.2 on メソッド …………………………………… 55
  - 4.3.3 動的クラス …………………………………… 56
  - 4.3.4 ディレクティブ ……………………………… 59
- 4.4 使い方のヒント ……………………………………… 61
  - 4.4.1 何を KV 言語で書けばいいのか …………… 61
  - 4.4.2 クラスルールはいつ適用されるのか ……… 62
  - 4.4.3 その他のルール ……………………………… 62
- 4.5 演習問題 ……………………………………………… 63

5. キャンバス ………………………………………………… 65
- 5.1 描画の基本 …………………………………………… 65
- 5.2 コンテキスト命令 …………………………………… 68
  - 5.2.1 Color (描画色の指定) ………………………… 68
  - 5.2.2 Rotate (キャンバスの回転) ………………… 69
  - 5.2.3 Scale (キャンバスのスケーリング) ………… 69

目次

- 5.3 描画命令 ………………………………………………………… 70
  - 5.3.1 Point (正方形) ……………………………………………… 70
  - 5.3.2 Line (線) …………………………………………………… 71
  - 5.3.3 Triangle (三角形) …………………………………………… 75
  - 5.3.4 Rectangle (長方形) ………………………………………… 75
  - 5.3.5 BorderImage (縁付き画像) ………………………………… 76
  - 5.3.6 Quad (四角形) ……………………………………………… 76
  - 5.3.7 Ellipse (楕円) ……………………………………………… 76
- 5.4 演習問題 …………………………………………………………… 77

6. サンプルアプリの開発 …………………………………………… 79
- 6.1 魔方陣パズル ……………………………………………………… 79
  - 6.1.1 プログラムの構造 …………………………………………… 79
  - 6.1.2 コードの詳細と解説 ………………………………………… 80
- 6.2 マッチメイカー …………………………………………………… 86
  - 6.2.1 プログラムの構造 …………………………………………… 86
  - 6.2.2 コードの詳細と解説 ………………………………………… 88
- 6.3 演習問題 …………………………………………………………… 97

7. 次のステップに向けて ……………………………………………… 98
- 7.1 App クラス ………………………………………………………… 98
  - 7.1.1 プログラムに関するパラメータ設定 ……………………… 101
  - 7.1.2 Kivy 全般に関するパラメータ設定 ………………………… 104
  - 7.1.3 GUI によるパラメータ設定 ………………………………… 106
- 7.2 起動の前に ………………………………………………………… 110
  - 7.2.1 環境変数 ……………………………………………………… 110
  - 7.2.2 Kivy モジュール …………………………………………… 110
- 7.3 その他のクラス …………………………………………………… 113
  - 7.3.1 Sound (サウンド) …………………………………………… 114
  - 7.3.2 Animation (アニメーション) ……………………………… 114
  - 7.3.3 Window (ウィンドウ) ……………………………………… 116
  - 7.3.4 UrlRequest (URL リクエスト) ……………………………… 116
- 7.4 関連プロジェクト ………………………………………………… 119
  - 7.4.1 Android 端末で動かす ……………………………………… 120
  - 7.4.2 iOS 端末で動かす …………………………………………… 122

7.4.3 Garden ……………………………………………… 124

8. ウィジェット・リファレンス ……………………………………… 125
8.1 Widget クラス ……………………………………………… 125
8.2 基本的なウィジェット ……………………………………… 125
  8.2.1 Label (ラベル) ……………………………………… 125
  8.2.2 Button (ボタン) …………………………………… 128
  8.2.3 CheckBox (チェックボックスとラジオボタン) ………… 130
  8.2.4 ToggleButton (トグルボタン) ……………………… 132
  8.2.5 Slider (スライダー) ………………………………… 132
  8.2.6 Switch (スイッチ) …………………………………… 132
  8.2.7 TextInput (テキスト入力) …………………………… 133
  8.2.8 ProgressBar (プログレスバー) ……………………… 134
  8.2.9 Image (画像) ………………………………………… 134
8.3 複合的なウィジェット ……………………………………… 135
  8.3.1 Bubble (吹き出し) …………………………………… 135
  8.3.2 DropDown (ドロップダウン) ………………………… 136
  8.3.3 Spinner (スピナー) ………………………………… 139
  8.3.4 ModalView (モーダルビュー) ………………………… 141
  8.3.5 RecycleView (リサイクルビュー) …………………… 143
  8.3.6 TabbedPanel (タブパネル) …………………………… 147
8.4 レイアウト …………………………………………………… 150
  8.4.1 BoxLayout (一列に配置) ……………………………… 150
  8.4.2 GridLayout (格子状に配置) …………………………… 150
  8.4.3 StackLayout (積み上げて配置) ……………………… 152
  8.4.4 AnchorLayout (端や中心に配置) …………………… 153
  8.4.5 PageLayout (表示の切替が可能な配置) …………… 154
  8.4.6 FloatLayout (絶対座標系に基づく自由配置) ……… 156
  8.4.7 RelativeLayout (相対座標系に基づく自由配置) …… 156
  8.4.8 ScatterLayout (移動や変形が可能な相対座標系) … 157
8.5 スクリーンマネージャ ……………………………………… 158
  8.5.1 ScreenManager ……………………………………… 158
  8.5.2 Accordion …………………………………………… 162
  8.5.3 ActionBar …………………………………………… 163
  8.5.4 Carousel …………………………………………… 165

8.5.5　ScrollView ·· 165
　8.6　その他のウィジェット ··· 169
　　　8.6.1　Camera (カメラ) ··· 169
　　　8.6.2　Video, VideoPlayer (動画) ···································· 171

付録
　A.　グ　ラ　フ ··· 173
　B.　ア　ト　ラ　ス ··· 175

索　　引 ··· 177

表目次

1.1	マルチタッチアプリを開発するための環境	3
2.1	ウィジェットのサイズに関するプロパティ	26
3.1	プロパティクラスの一覧	36
3.2	Property クラス (kivy.properties) の主な属性	36
3.3	モーションイベントの主な基本プロパティ	41
3.4	モーションイベントの主な追加プロパティ	41
5.1	canvas の主な属性とメソッド	68
5.2	Line の主な属性	71
6.1	Edge クラスの属性の概要	89
6.2	DrawField クラスの属性の概要	94
6.3	DrawField クラスのメソッドの概要	94
7.1	App クラスの主な on メソッド	100
7.2	App クラスの主なプロパティ	101
7.3	App クラスの主なメソッド	102
7.4	モジュール変数 Config で利用可能なセクションとキー	105
7.5	セッティング GUI に関する JSON ファイルにおいて，type キーが取り得る値	109
7.6	主な環境変数	111
7.7	Sound クラスのプロパティ	114
7.8	Sound クラスのメソッド	114
7.9	Sound クラスの on メソッド	114
7.10	Window の主なプロパティ	117
7.11	Window の主な on メソッド	117
7.12	UrlRequest オブジェクトの生成時に用いられる引数	118

表　目　次

- 8.1　Widget クラスの主なプロパティ ･････････････････････････ 126
- 8.2　Widget クラスの主なメソッド･･････････････････････････ 128
- 8.3　Label クラスの主なプロパティ･････････････････････････ 129
- 8.4　Button クラスの主なプロパティ ････････････････････････ 130
- 8.5　CheckBox クラスの主なプロパティ ･････････････････････ 131
- 8.6　ToggleButton クラスの主なプロパティ ･･････････････････ 132
- 8.7　Slider クラスの主なプロパティ ････････････････････････ 133
- 8.8　TextInput クラスの主なプロパティ ･････････････････････ 133
- 8.9　Image クラスの主なプロパティ ････････････････････････ 134
- 8.10　Bubble クラスの主なプロパティ ･･･････････････････････ 135
- 8.11　DropDown クラスの主なプロパティ ････････････････････ 137
- 8.12　DropDown クラスの主なメソッド ･･････････････････････ 137
- 8.13　ModalView クラスの主なプロパティ ････････････････････ 141
- 8.14　TabbedPanel クラスの主なプロパティ ･･･････････････････ 149
- 8.15　BoxLayout クラスの主なプロパティ ････････････････････ 150
- 8.16　GridLayout クラスの主なプロパティ ････････････････････ 151
- 8.17　StackLayout クラスの主なプロパティ ･･･････････････････ 152
- 8.18　PageLayout クラスの主なプロパティ ････････････････････ 155
- 8.19　Scatter クラスの主なプロパティ ･･･････････････････････ 158
- 8.20　スクリーン切替のアニメーションに関するクラス ･･････････････ 160
- 8.21　ScreenManager クラスの主なプロパティ ･････････････････ 161
- 8.22　ScreenManager クラスの主なメソッド･･･････････････････ 161
- 8.23　Screen クラスの主な on メソッド ･･････････････････････ 161
- 8.24　Accordion クラスの主なプロパティ ････････････････････ 163
- 8.25　AccordionItem クラスの主なプロパティ ･････････････････ 163
- 8.26　Carousel クラスの主なプロパティ ･････････････････････ 166
- 8.27　ScrollView クラスの主なプロパティ ････････････････････ 168
- 8.28　ScrollView クラスの主な on メソッド ･･･････････････････ 168
- 8.29　Camera クラスのプロパティ ･･････････････････････････ 170
- 8.30　Video クラスの主なプロパティ ････････････････････････ 171

コード目次

2.1 "Hello, world." プログラムの Python スクリプト 18
2.2 3つのボタンを配置する Python スクリプト 19
2.3 カウンタープログラムの Python スクリプト 21
2.4 `BoxLayout` 上のボタンのサイズを相対指定するプログラムの Python スクリプト 26
2.5 `FloatLayout` 上に2つのボタンを配置するプログラムの Python スクリプト 29
3.1 ストップウオッチプログラムの Python スクリプト 38
3.2 タッチイベントに関する実験のための Python スクリプト 42
4.1 ボタンを2つ並べるプログラムの Python スクリプト (その1) 49
4.2 ボタンを2つ並べるプログラムの KV スクリプト (その1) 50
4.3 ボタンを2つ並べるプログラムの Python スクリプト (その2) 51
4.4 ボタンを2つ並べるプログラムの KV スクリプト (その2) 52
4.5 カウンタープログラムの Python スクリプト 53
4.6 カウンタープログラムの KV スクリプト 53
4.7 画像とファイル名を並べて表示するプログラムの Python スクリプト 57
4.8 画像とファイル名を並べて表示するプログラムの KV スクリプト 57
5.1 キャンバスに赤い楕円を持つ, `MyLabel` の KV スクリプト 65
5.2 赤い楕円を描く Python スクリプト 67
6.1 魔方陣パズルアプリの `main.py` の概略 79
6.2 魔方陣パズルアプリの `magic.kv` の概略 80
6.3 `MagicApp` クラス (魔方陣パズル) の Python スクリプト 80
6.4 `Root` クラス (魔方陣パズル) の KV スクリプト 81
6.5 `Root` クラス (魔方陣パズル) の Python スクリプト 81
6.6 `Title` クラス (魔方陣パズル) の KV スクリプト 82

- 6.7 `GoToButton` クラス (魔方陣パズル) の KV スクリプト 82
- 6.8 `Board` クラス (魔方陣パズル) の KV スクリプト 82
- 6.9 `Board` クラス (魔方陣パズル) の Python スクリプト 83
- 6.10 `Const` クラス (魔方陣パズル) の KV スクリプト 84
- 6.11 `NumInput` クラス (魔方陣パズル) の KV スクリプト 85
- 6.12 `CheckView` クラス (魔方陣パズル) の KV スクリプト 85
- 6.13 マッチメイカーの `main.py` の概略 86
- 6.14 マッチメイカーの `matchmaker.kv` 87
- 6.15 `Edge` クラス (マッチメイカー) の Python スクリプト 90
- 6.16 `Vertex` クラス (マッチメイカー) の Python スクリプト 91
- 6.17 `DrawField` クラス (マッチメイカー) の Python スクリプト 91

- 8.1 `DropDown` (図 8.3) の Python スクリプト 137
- 8.2 `DropDown` (図 8.3) の KV スクリプト 138
- 8.3 `RecycleView` (図 8.6) の Python スクリプト 143
- 8.4 `RecycleView` (図 8.6) の KV スクリプト 144
- 8.5 `PageLayout` (図 8.12) の KV スクリプト 155
- 8.6 `ScreenManager` (図 8.14) の KV スクリプト 159
- 8.7 `Accordion` (図 8.15) の KV スクリプト 162
- 8.8 `ActionBar` (図 8.16) の KV スクリプト 163
- 8.9 `ScrollView` (図 8.17) の KV スクリプト 166
- 8.10 `Camera` を用いた KV スクリプトの例 170

1 Kivyを学ぶための準備

SwiftでもなくJavaでもなく，Pythonでマルチタッチアプリを作りたい．しかもiOSとAndroidの両方で稼働するようなものを作りたい．Kivyフレームワークを用いれば，この願いを叶えることができるだろう．

本書では，読者がKivyプログラミングを自然に習得できるように指南することを試みる．このため魔方陣パズルとマッチメイカーという2つのサンプルアプリを，読者が開発できるようになることを最大の目標に掲げる．

本章では，Kivyを学ぶための準備を行う．第1.1節ではKivyの概要を述べる．第1.2節ではサンプルアプリの概要を，第1.3節では本書の構成を述べる．第1.4節ではKivyのインストール方法について触れる．第1.5節では公式サイト上の教材を紹介する．

1.1 Kivyについて

Kivyは，Pythonのオープンソースライブラリの1つである．これを用いれば，マルチタッチ操作に対応したアプリを開発することができる．

1.1.1 バージョン

最初のバージョン1.0.0がリリースされたのは2011年2月で，最新のバージョンは1.10.0である(2017年5月リリース)．Kivyの公式サイトのURLはhttps://kivy.orgである．公式サイトは英語のみだが，邦訳プロジェクトも存在する[*1]．また，PCからデバイスへの転送ツールなど，いくつかの関連プロジェクトがGitHub上で公開されている[*2]．

現状，KivyはPython2系をサポートするが，Python3系への対応が積極的に進められている．2019年初頭を目処に，Python2系をサポートする最後のバージョンがリ

[*1] https://pyky.github.io/kivy-doc-ja/
[*2] https://github.com/kivy/kivy

リースされる予定である *3). また iOS への転送ツール (Kivy-iOS) など, 一部の関連プロジェクトは Python2 系のみをサポートしており, Python3 系への対応はしばらく待つ必要がある.

本書で使用した Python のバージョンは 3.5.2, Kivy のバージョンは 1.10.0 である. ただしすべてのソースコードは Python2 系でも稼働する. スクリーンショットは, 特に断りがない限り, Linux (Ubuntu 16.04) の環境で撮影したものである. URL などウェブに関する情報は, 2017 年 9 月現在のものである.

1.1.2 利　　　点

公式サイトのユーザーガイドでは *4), Kivy の利点が 6 つの "F" (Fresh, Fast, Flexible, Focused, Funded, Free) に基づいて謳われている. 以下要点を述べる.

Fresh (新鮮): マルチタッチなど, 近年現れた新しい入力方法に特化して設計されている. 従来のマウスクリックに関連した機能をレガシーとして持たない.

Fast (高速): ライブラリを設計する上で, ナイーブに実装してしまうと計算に時間を要するような難しい部分には, 洗練されたアルゴリズムが, C 言語 (Cython) を用いて実装されている. またグラフィクス機能は OpenGL ES2 を用いて実装されているため, GPU によるサポートが受けられる (描画が高速).

Flexible (柔軟): 様々な OS に対応している (クロスプラットフォーム). Windows, macOS, Linux (Ubuntu, Raspberry Pi など) といった, 主要 OS のいずれの上でも開発することができ, 同じように動作させることができる. そして開発したアプリを, iOS や Android を搭載したスマートフォンやタブレット上で動かすこともできる.

Focused (集中): アプリの開発に集中することができ, 余事 (コンパイラの設定など) に煩わされることがない. とりわけ, Python で書けることが最大のメリットであろう. Python は近年注目を集めているプログラミング言語の 1 つだが *5), 文法がシンプルで, プログラミング初心者でも比較的とっつきやすいのが特徴である. また豊富なライブラリ群を有しているため, Kivy を用いて開発したアプリにそれらを組み込むこともできる.

Funded (援助): プロのソフトウェア開発者を中心としたコミュニティ *6) によって運営されている. コミュニティのうち何名かは Kivy の開発によって生計を立てている. 年平均 1,2 回程度のマイナーアップデートが行われ, ユー

---

*3)　https://github.com/kivy/kivy/wiki/Kivy-Python-2-Support-Timeline
*4)　https://kivy.org/docs/philosophy.html
*5)　習得プログラミング言語別の年収調査で, おおむねトップ 3 に入る. 他は Swift, Java など.
*6)　日本人はいない模様.

表 1.1 マルチタッチアプリを開発するための環境

環境名 (主な言語) (備考)		対応 OS				
		Windows	macOS	Linux	iOS	Android
Xcode (Swift) (tvOS, watchOS も対応)	(開発) (ビルド)	- -	○ ○	- -	- ○	- -
Android Studio (Java)	(開発) (ビルド)	○ -	○ -	○ -	- -	- ○
Monaca (HTML5, JavaScript) (ブラウザで開発可能)	(開発) (ビルド)	○ ○	○ -	○ -	○ ○	○ ○
Qt (C++) (GoogleEarth, Skype などで使用)	(開発) (ビルド)	○ ○	○ ○	○ ○	- ○	- ○
Unity (C#, JavaScript) (各種ゲーム機へのビルドにも対応)	(開発) (ビルド)	○ ○	○ ○	- ○	- ○	- ○

ザーサポートのメーリングリスト [7]では毎日 10 通以上のメールが飛び交うなど，決して，すぐに立ち消えになるようなプロジェクトではない．

Free (フリー): Python も Kivy も，無償でダウンロードし，使うことができる．さらにビルドしたアプリは，MIT ライセンスの下で，他の権利関係に抵触しない限り，商用配布することも可能である [8]．

上記のほか，エディタベースで開発を進められることも利点の 1 つと考えられる．特定の IDE (統合開発環境) を必要とせず，開発者が好むエディタを用いてプログラムを進めることができる．当然，IDE の操作方法を覚える必要もない．

マルチタッチアプリの開発環境には様々なものが世に出回っているが，その代表的なものを表 1.1 に示す．これらはすべて専用の IDE とライブラリ群を有している．また機能の一部が有料となっている．

これらの環境に対する Kivy の利点は，アプリ開発の未経験者もしくは初心者が，素朴なアプリを手軽に開発できることであろう．それは，Python という比較的簡単な言語が使えること，無料であること，IDE の使い方を覚える必要がないことによる．

一方で，高度なユーザーインターフェースやグラフィクスなどを有する，凝ったアプリを作ることには，現時点では不向きかもしれない．なぜならモジュールの多くは開発途上にあり，その充実を待つ余地が多分にあるからである．

---

[7] https://kivy.org/docs/contact.html
[8] Kivy 1.7.2 以降は MIT ライセンス，それ以前のバージョンは LGPL3．なお App Store や Google Play で公開するには，ライセンス料がそれぞれ必要である．

1.1.3 プログラミング面の特徴

プログラミング面では, 関心の分離 (separation of concerns) の思想が取り入れられていることが大きな特徴である. **KV 言語**という独自言語を用いれば, 機能とデザインに関する記述をおおよそ分けて書くことができる. すなわち, 機能面を Python によって記述し, デザイン面を KV 言語によって記述することができるのである. Python だけですべてを書くこともできるが, そのプログラムは肥大化したものとなるだろう.

KV 言語は決して難しいものではなく, スタイルシート (Cascading Style Sheets, CSS) のような形式によってデザインを設定することができる. 機能とデザインをうまく書き分けることによってプログラムは驚くほど簡潔になり, 作業を効率良く進めることができる.

1.2 目標とするサンプルアプリ

本書の最大の目標は, 魔方陣パズルとマッチメイカーという 2 つのサンプルアプリを, 読者が開発できるようになることである. 本節ではそれぞれの概要を述べる.

1.2.1 魔方陣パズル

まず魔方陣について説明する. 任意の自然数 n について, n 次の魔方陣とは, $n \times n$ 正方盤面のマス目に対する自然数 $1, 2, \ldots, n^2$ の割当であって, 各行 (横の並び), 各列 (縦の並び), そして 2 本ある対角線のいずれにおいても, 割り当てられた数の和が等しくなるようなものである. 4 次の魔方陣の例を図 1.1 (i) に示す. 1 行目の数の和は $16 + 3 + 10 + 5 = 34$, 2 列目の数の和は $3 + 6 + 12 + 13 = 34$ となるように, どの行, 列, 対角線においても, 数の和が 34 となることが確認できる.

図 1.1 (i) 4 次の魔方陣, (ii) その魔方陣から生成されたパズル

魔方陣の穴埋めパズルを考える. すなわちプレイヤーは, 図 1.1 (ii) のような, 正方盤面に対する自然数の部分割当が与えられ, 魔方陣を構成することを問われるようなパズルである. 図 1.1 (ii) のパズルの解は, 同図の (i) の魔方陣である.

魔方陣パズルは, このようなパズルで遊ぶことのできるアプリである. アプリのスク

リーンショットを図 1.2 に示す．起動するとタイトル画面が表示され，問題番号をタッチすると (全部で 3 問)，プレイ画面に移行する．プレイヤーは空きマスに答えを入力し，解答が完成したら「チェック」ボタンをタッチし，その是非を問う．解答が正解であるか否かは，モーダルビューによって示される．

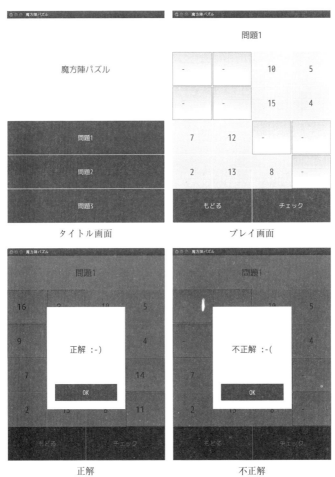

図 1.2 魔方陣パズルアプリのスクリーンショット

1.2.2 マッチメイカー

マッチメイカーは，ユーザーがグラフを描画し，その最大マッチングを求めることが

できるようなアプリである．ここでグラフとは離散数学などで取り扱われる数理構造だが，その説明は付録 A を参照されたい．

アプリのスクリーンショットを図 1.3 に示す．アプリを起動すると，左側に描画のためのフィールド，右側に各種のボタンが現れる．「頂点」ボタンをタッチし，フィールドの適当な場所をタッチすると，新しい頂点が追加される．頂点をタッチしたままなぞると，それにしたがって頂点も移動する．「辺」ボタンをタッチし，頂点と頂点を結ぶようになぞると，その 2 つの頂点を結ぶ辺が生成される．「削除」ボタンをタッチすると頂点や辺を削除することができ，「クリア」ボタンをタッチするとグラフ全体

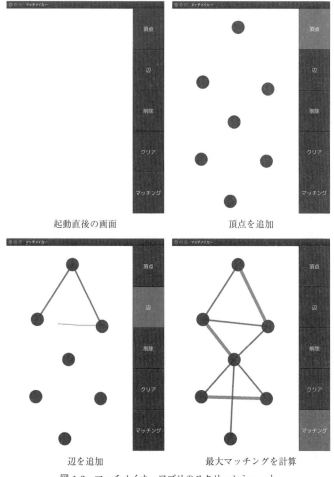

図 1.3 マッチメイカーアプリのスクリーンショット

が削除される．そして「マッチング」ボタンをタッチすると，描画されたグラフの最大マッチングが計算され，太線によって示される．

1.3 本書の構成

第2章から第5章では，サンプルアプリを開発するために必要な約束事や文法を説明する．

第2章： ウィジェットの扱い方を説明する．Kivy では，ウィジェットと呼ばれる部品をウィンドウ上に配置することによって，グラフィカルユーザインターフェース (Graphical User Interface, GUI) を構成する．ウィジェットにはどのようなものがあるのか，どのように生成し，配置するのかなど，基本的な取扱い方について解説する．

第3章： イベントとプロパティの処理について説明する．Kivy プログラムは，タッチ入力などのイベントによってその流れが決定される，イベント駆動型のプログラムとみなすことができる．様々な種類のイベントを，どのように制御するのかについて説明する．とりわけプロパティイベントは重要である．任意のウィジェットには，プロパティと呼ばれる属性を持たせることができる．このプロパティはオブザーバーパターンの機能を備えており，値が変更された (プロパティイベントが発生した) ときに，別の関数やメソッドを呼び出すように設定することができる．

第4章： KV 言語について説明する．KV 言語は Kivy プログラミングの真髄と言っても過言ではない．機能部分とデザイン部分をうまく書き分けることができれば，プログラムは驚くほど簡潔になる．ところがこの「うまく書き分ける」ことは容易ではない．ここでは KV 言語の文法を説明し，使いこなすためのヒントをいくつか紹介する．

第5章： 図形描画のためのキャンバス機能について説明する．

以上を踏まえて，第6章ではサンプルアプリのソースコードを解説する．第7章ではより発展的な内容を取り上げる．たとえば，パラメータ設定の読み書きや，モバイル端末への転送ツールなど関連プロジェクトについて触れる．第8章はウィジェットのリファレンスである．本書を通じて様々なウィジェットを取り扱うが，その詳細は第8章を参照されたい．

本書に現れるソースコードや演習問題の解答は，著者のウェブサイト (https://sites.google.com/site/kivyprogsup/home) からダウンロード可能である．

1.4 インストールから実行まで

Kivy を動かすための環境を構築しよう．ここではインストールの手順，Kivy ライブラリの構成，そして Kivy プログラムの構成と実行方法について述べる．また，"Hello, world." を表示するための簡単なプログラムを動かす．

1.4.1 インストール手順

公式サイトのダウンロードのページ (図 1.4) から，各 OS についてインストールの手順にリンクが張られている．OS によっては複数の方法が存在するが，Kivy は PyPI (Python Package Index) に登録されているので，pip を使ってインストールするのが最も簡単であろう．ただし依存関係のため，他のライブラリをインストールする必要

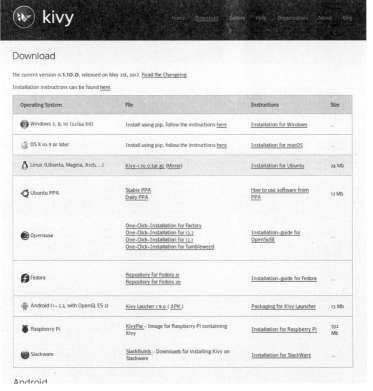

図 1.4 ダウンロードのページ (https://kivy.org/#download)

があるかもしれない．以下では Windows, macOS, Linux について手順の詳細を述べる．

なお，使用する PC のハードウェア構成およびソフトウェア構成のために，ここで取り上げる手順を忠実に実行したとしても，インストールがうまくいかない場合もある．そのような場合は，エラーメッセージを手がかりに検索を行い，ウェブで最新の情報を入手することを推奨する．また OS によっては，Anaconda 環境 [*9] を用いてインストールすることも可能である．

a. Windows

Windows にはデフォルトで Python が入っていないため，まず Python をインストールする．Python の公式サイト [*10] へ行き，適当なバージョンを選択し，インストールを行う．

次いでコマンドプロンプトを立ち上げ，pip, wheel, setuptools を最新のものに更新する [*11]．

```
$ python -m pip install --upgrade pip wheel setuptools
```

次いで依存関係をインストールする．このうち動画やオーディオの取扱いに必要な kivy.deps.gstreamer (120MB に達する) は，必要なければ省略可能である．

```
$ python -m pip install docutils pygments pypiwin32 kivy.deps.sdl2 kivy.deps.glew
$ python -m pip install kivy.deps.gstreamer
```

また kivy.deps.glew は OpenGL に関するライブラリだが，Python 3.5 については，kivy.deps.angle を用いることも可能である．

```
$ python -m pip install kivy.deps.angle
```

最後に Kivy をインストールする．

```
$ python -m pip install kivy
```

必要があれば，ソースコードのサンプルもインストールするとよい．

```
$ python -m pip install kivy_examples
```

[*9] https://www.anaconda.com/
[*10] https://www.python.jp/
[*11] 本書では，コードスニペットの冒頭のドルマーク $ は，それが端末 (Windows におけるコマンドプロンプト，Linux におけるターミナルなど) のコマンドであることを表す．読者が自分で試すときには，この $ を入力してはならない．

b. macOS

ここでは pip と Homebrew を用いた方法を紹介する[*12]。
端末を立ち上げ，Homebrew を用いて依存関係をインストールする。

```
$ brew install pkg-config sdl2 sdl2_image sdl2_ttf sdl2_mixer gstreamer
```

次いで pip を用いて，Cython と Kivy をインストールする。

```
$ pip install -U Cython
$ pip install kivy
```

c. Linux

Windows や macOS 同様，pip を用いてインストールすることもできるが，依存関係を自動的に処理してくれる，パッケージマネージャを用いた方法を紹介する。ここでは Ubuntu の場合を取り上げる。

まず，使用するリポジトリに Kivy の PPA (Personal Package Archive) を追加し，パッケージリストを更新する。

```
$ sudo add-apt-repository ppa:kivy-team/kivy
$ sudo apt-get update
```

次いで Kivy をインストールする。Python2 系の場合は以下のように入力する。

```
$ sudo apt-get install python-kivy
```

Python3 系の場合は以下のように入力する。

```
$ sudo apt-get install python3-kivy
```

必要があれば，ソースコードのサンプルもインストールするとよい。

```
$ sudo apt-get install python-kivy-examples
```

1.4.2 ライブラリの構成

Kivy をインストールすると，システム上の適当な場所にライブラリが置かれる。この場所を，本書では<KIVY_PATH>のように示す。<KIVY_PATH>は OS やインストール方法によって変わるが，著者が所有する環境では次の通りであった。

Windows: C:¥Python35¥Lib¥site-packages¥kivy
macOS: /Applications/Kivy.app/Contents/Resources/kivy

[*12] Homebrew ではなく，MacPorts を用いてインストールすることもできる。

Linux: `/usr/lib/python3/dist-packages/kivy`

<KIVY_PATH>の下にはいくつものパッケージおよびモジュールが存在するが，特にkivy.uix パッケージには，GUI の部品であるウィジェットに関するモジュールが多数収められており，頻繁に使用することになるだろう．

1.4.3　プログラムの構成と実行方法

Kivy プログラムは，一般に次のファイルから構成される．
- Python ファイル (Python で書かれたスクリプト，拡張子は.py)
- KV ファイル (KV 言語で書かれたスクリプト，拡張子は.kv)
- アセット (画像や音声などの素材ファイル)

本書では，プログラムを構成するファイルはすべて同じディレクトリ (フォルダ) に入っているものとし，Python ファイルはただ 1 つ含まれるものとする．その唯一の Python ファイルの名前は，main.py とする．開発中は必ずしもこの名前である必要はないが，第 7.4 節で述べるように，iOS や Android 向けにビルドするためのツールは，この名前を仮定して動作する．

KV ファイルはあってもなくてもよい．このファイルは，第 3 章までは取り扱わない．第 4 章で初めて取り上げる．

作成したプログラムを動かすには，その Python ファイルである main.py を実行すればよい．Windows や Linux では，

```
$ python main.py
```

とすればよい．macOS では，起動のためのスクリプト kivy が生成されているため，これを用いて，

```
$ kivy main.py
```

とすればよい．

なおウィンドウのサイズなど実行に関する諸設定を，Kivy モジュールを用いて指定することもできる (第 7.2.2 項)．

1.4.4　Hello, world.

"Hello, world." が書かれたボタンをウィンドウ一杯に表示する Kivy プログラムを作り，動かしてみよう．このプログラムの Python スクリプトを以下に示す．

```
from kivy.app import App
from kivy.uix.button import Button
```

図 1.5 "Hello, world." プログラムのスクリーンショット

```
class MyApp(App):
  def build(self):
    return Button(text='Hello, world.')

MyApp().run()
```

うまく起動すると, 図 1.5 のようなウィンドウが現れる. またボタンをタッチし, そのタッチを離すまでの間, ボタンの色が水色に変わるであろう. なおこのスクリプトの解説は, 第 2.2.1 項において改めて行う.

1.5 公式サイト上の教材

プログラミングの学習には, 既存のプログラムを打ち込み (あるいはコピー・アンド・ペーストをし), 眺め, 書き換えながら挙動の変化を観察することも有用である. 公式サイトにある以下の教材はすべて英語だが, 学習の手助けとなるだろう.

- 2つのチュートリアルアプリ. 本書のサンプルアプリは, これらより若干高度かもしれない. 図 1.6 にスクリーンショットを示す.
    - ポンゲーム (Pong Game, https://kivy.org/docs/tutorials/pong.html).
    - 単純なお絵描きアプリ (Simple Paint App, https://kivy.org/docs/tutorials/firstwidget.html).
- 動画による解説 (https://kivy.org/docs/tutorials/crashcourse.html).
- 機能ごとのサンプルプログラム (https://kivy.org/docs/examples/gallery.html). ソースコードは, たとえば <KIVY_PATH>/examples などに収められている.

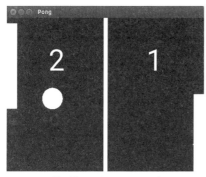 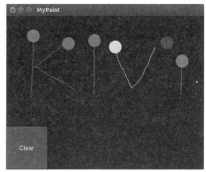

ポンゲーム (Pong Game)　　単純なお絵描きアプリ (Simple Paint App)

図 1.6　チュートリアルアプリ

- 過去に開発されたアプリのソースコード (https://kivy.org/#gallery).

2 ウィジェット

本章では，GUIを構成する部品であるウィジェットの基本的な取扱い方について述べる．第2.1節では，GUI構成の基本的な考え方を述べる．GUIは，ウィジェットツリーという，ウィジェットの階層構造によって構成されることについて言及する．また，どのようなウィジェットが提供されているのかを紹介する．第2.2節では，Kivyにおける Python スクリプトの基本的な構造を述べ，簡単な例を用いて，ウィジェットツリーの構築方法を示す．第2.3節では，ウィジェットのサイズと位置を，どのように決定するかについて述べる．第2.4節では日本語の取扱いについて述べ，第2.5節で演習を行う．

2.1 GUI 構成の基本的な考え方

2.1.1 ウィジェットツリー

GUI の部品全般をウィジェットという．一般の Kivy プログラムでは複数のウィジェットを取扱うが，ウィジェット間に親子関係を与えることで定まるウィジェットツリーという根付き木によってこれらを管理する．なお根付き木はグラフに関する用語だが，その詳細な説明は付録 A を参照されたい．

任意のウィジェット w は別のウィジェットを子に持つことができ，その子ウィジェットたちは唯一の親として w を持つ．また子ウィジェットが，さらに別のウィジェットを子に持つこともできる．ウィジェット間のこのような親子関係からウィジェットツリーが自然に定まる．

図 2.1 にウィジェットツリーの概念図を示す．個々の頂点がウィジェットに対応する．特に，根 (最上部の頂点) に対応するウィジェットをルートウィジェットという．

ウィジェットツリーに属するウィジェットのみ，サイズと位置が与えられ，ウィンドウ上に配置される．ウィジェットツリーに属さないウィジェットは，画面に表示されることはない．

2.1 GUI 構成の基本的な考え方

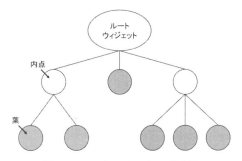

図 2.1 ウィジェットツリーの概念図

2.1.2 ウィジェットの種類

ウィジェットは，パーツ，レイアウト，スクリーンマネージャの 3 種類に分けられる．
- パーツ: 最小単位の部品．
- レイアウト: ウィジェットを配置するための特殊な部品．より正確には，子ウィジェットを，そのルールにしたがってウィンドウ上に配置する．
- スクリーンマネージャ: ウィジェットから構成されるスクリーンを複数保持し (子に持ち)，それらの間で表示を切り替えるための特殊な部品．

パーツ，レイアウト，スクリーンマネージャは，いずれも Widget クラス (kivy.uix.widget) のサブクラスである [*1]．したがって基本的には，Widget が持つプロパティ [*2] やメソッドを継承する．

公式サイトのドキュメンテーションでは，「パーツ」という語はほとんど使われない．「ウィジェット」という語によって，パーツのみを指すこともあれば [*3]，レイアウトとスクリーンマネージャを含めた，Widget のサブクラス全般を指すこともある．どちらを指すのか文脈から容易に判断することができることと，他資料との整合性を考慮し，本書でもこの使い方を踏襲する (以後，「パーツ」は使わない)．

基本的なウィジェットとして以下のようなクラスが提供されている．図 2.2 にこれらのスクリーンショットを示す．
- Label: 文字列を表示することができる．
- Button: タッチされたとき，およびタッチが離れたときに行う処理を定めることができる．
- CheckBox: チェックを入れることができる．なお，複数の中からただ 1 つにチェッ

[*1] レイアウトは Layout (kivy.uix.layout) のサブクラスだが，この Layout は Widget のサブクラスである．
[*2] プロパティは第 3 章で詳しく説明する．本章では「属性」と解釈して構わない．
[*3] レイアウトとの対比で用いられるときは，パーツのみを指す場合が多い．

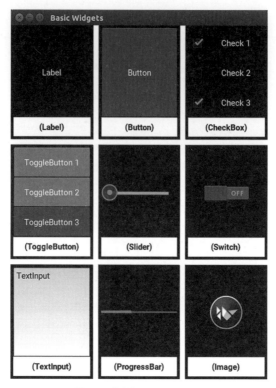

図 2.2　基本的なウィジェット

クを入れることのできる，ラジオボタンとして用いることもできる．
- ToggleButton: ON と OFF を切り替えることのできるボタン．
- Slider: スライドによって数値を入力することができる．
- Switch: ON と OFF を切り替えることのできるスイッチ．
- TextInput: 文字列を入力することができる．
- ProgressBar: プロセスの進捗の程度を表示することができる．
- Image: 画像を表示することができる．

一方，レイアウトは以下のようなクラスが提供されている．図 2.3 は，それぞれのレイアウトが，子ウィジェットであるボタンや図形をどのように配置するかを示している．
- BoxLayout: ウィジェットを一列に並べて配置．
- GridLayout: 行と列の本数を定め，格子の中にウィジェットを配置．
- StackLayout: ウィジェットをスタックのように積み上げて配置．

2.1 GUI 構成の基本的な考え方　　17

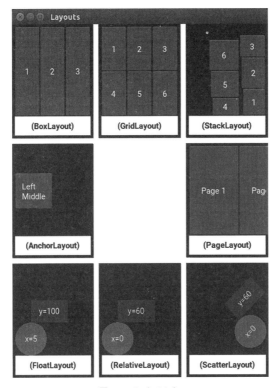

図 2.3　レイアウト

- AnchorLayout: ウィジェットを境界の四角形 (バウンディングボックス) の端もしくは中心に配置．
- PageLayout: スワイプによって表示するウィジェットを切り替えることができる．
- FloatLayout: ウィジェットを自由に配置．絶対座標系が用いられる．
- RelativeLayout: ウィジェットを自由に配置．相対座標系が用いられる．
- ScatterLayout: RelativeLayout と同様だが，タッチ操作による移動や変形が可能．

座標系については第 2.3.1 項で改めて述べる．

スクリーンマネージャは，以下のようなクラスが提供されている．これらのうち特徴的な外見を持つ Accordion と ActionBar のスクリーンショットを図 2.4 に示す．

- ScreenManager: スクリーンマネージャの中で最も柔軟なクラス．デザインに制約がなく，切替のアニメーション効果も自由に決められる．
- Accordion: アコーディオン状に連なったボタンをタッチすることで，スクリーン

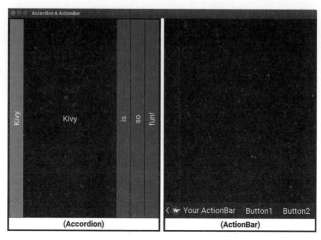

図 2.4 スクリーンマネージャ: Accordion と ActionBar

の表示を切り替えることができる.
- `ActionBar`: Android におけるアクションバーに類似.
- `Carousel`: スワイプ操作によって，紙芝居のようにスクリーンの表示を切り替えることができる.
- `ScrollView`: 子ウィジェットをスクロール表示することができる.

再び図 2.1 を見てみよう．レイアウトは子ウィジェットを配置するための部品で，スクリーンマネージャは子ウィジェットの表示を切り替えるための部品ということから，一般には，ウィジェットツリーの内点にはレイアウトやスクリーンマネージャが現れ，葉にはウィジェットが現れる．

2.2 ウィジェットツリーの構築

2.2.1 Python スクリプトの構造

ウィジェットツリーをどのように構築するのかを説明する前に，Kivy プログラムにおける Python スクリプトの構造を明らかにしておく．第 1.4.4 項で用いた Python スクリプトを，改めてコード 2.1 に示す．

コード 2.1 "Hello, world." プログラムの Python スクリプト

```
from kivy.app import App
from kivy.uix.button import Button

class MyApp(App):
    def build(self):
```

```
6        return Button(text='Hello, world.')
7
8 MyApp().run()
```

コード 2.1 では，App クラス (kivy.app)，Button クラス (kivy.uix.button) を 1，2 行目でそれぞれインポートしている．このうち App は基本クラスで，Kivy プログラムに必要不可欠なものである．一般的な Kivy プログラムでは，App クラスのサブクラスを定義して用いる (4 行目から 6 行目)．このサブクラスを本書ではアプリクラスと呼ぶ．アプリクラスのオブジェクトを生成し，そのオブジェクトについて run() メソッドを実行すると (8 行目)，メインループが開始する．生成されたアプリクラスのオブジェクトを，本書ではアプリオブジェクトと呼ぶ．またメインループとは Kivy プログラムの内部で繰り返し走るもので，それぞれの反復ではイベントの検知やグラフィックのレンダリングなど様々な処理が行われる．

メインループが開始すると，アプリクラスの build() メソッドが実行される (5，6 行目)．この build() メソッドの返すウィジェットが，ウィジェットツリーのルートウィジェットとなる．この例では，6 行目で返される Button オブジェクトがそれに当たる．つまりこのプログラムに置けるウィジェットツリーは，Button オブジェクト 1 つのみから成る．なお Button オブジェクトを生成するにあたり，キーワード引数 text に与えた文字列 'Hello, world.' が，ボタンの上に表示されることに注意しよう．

アプリクラスの名前の末尾は ...App とするのが慣例で，...の部分がアプリのタイトルのデフォルト値となる．したがって上記アプリのタイトルは My となるが，図 1.5 の通り，タイトルバーにこのタイトルが表示される．なおタイトルは title 属性によって指定できる．

```
class MyApp(App):
    title = 'My 1st app'
```

2.2.2 どのようにツリーを構築するのか

"Hello, world." プログラムのウィジェットツリーは，Button オブジェクト 1 つのみから成るという特殊な例であった．ここでは 3 つの Button を横に並べるプログラムを考え，ウィジェットツリーをどのように構築するのかを説明する．

コード 2.2 にこのプログラムの Python スクリプト，図 2.5 にスクリーンショットおよびウィジェットツリーを示す．

コード 2.2 3 つのボタンを配置する Python スクリプト

```
1 from kivy.app import App
2 from kivy.uix.boxlayout import BoxLayout
3 from kivy.uix.button import Button
```

20   2. ウィジェット

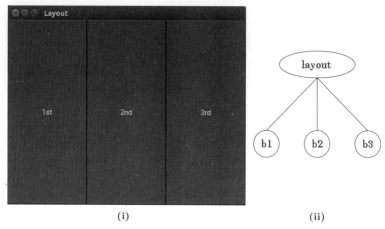

          (i)   (ii)

図 2.5 Button を 3 つ並べるプログラム (コード 2.5) の (i) スクリーンショット, お
       よび (ii) ウィジェットツリー. 頂点がウィジェットに対応し, layout, b1 など
       のラベルは, build() メソッドにおける変数名を表す.

```
 4
 5  class LayoutApp(App):
 6      def build(self):
 7          layout = BoxLayout(orientation='horizontal')
 8          b1 = Button(text='1st')
 9          b2 = Button(text='2nd')
10          b3 = Button(text='3rd')
11          layout.add_widget(b1)
12          layout.add_widget(b2)
13          layout.add_widget(b3)
14          return layout
15
16  LayoutApp().run()
```

ウィジェットを配置するにはレイアウトを用いるが, 縦もしくは横の一列に並べる場
合には BoxLayout (kivy.uix.boxlayout) を用いるとよい. 7 行目では, BoxLayout
オブジェクトを生成している. キーワード引数 orientation に与えた 'horizontal'
は, 横に並べることを示している. 縦に並べる場合は 'vertical' を与えるとよい [*4].

```
layout = BoxLayout(orientation='vertical')
```

次いで横に並べる Button オブジェクト b1, b2, b3 を生成する (8, 9, 10 行目). そ

[*4] orientation プロパティの初期値は 'horizontal' なので, 横に並べる場合は何も指定しなく
      ても構わない.

してこれらを,7 行目で生成した layout の子ウィジェットにする (11, 12, 13 行目).
このように,ウィジェット v を,ウィジェット w の子とするには,add_widget() メ
ソッドを用いて以下のように記述する.

```
w.add_widget(v)
```

これにより,図 2.5 (ii) に示すようなウィジェットツリーが構築される.最後にこのツ
リーのルートウィジェットである layout を返す (14 行目).

なお,ウィジェット v を,ウィジェット w の子から外すには,remove_widget() メ
ソッドを用いる.

```
w.remove_widget(v)
```

ウィジェット w からすべての子を外すには,clear_widgets() メソッドを用いる.

```
w.clear_widgets()
```

ウィジェットの親や子のリストにアクセスするには,parent 属性および children
属性を用いる.ウィジェット w について,w.parent は w の親を指し,w.children は
w の子のリストである.ただし親がいない場合は w.parent=None,子がいない場合は
w.children=[] (空リスト) となる.w.add_widget(v) を実行すると,ウィジェッ
ト v は,w.children の先頭に挿入される.つまり,最後に挿入したウィジェットが
w.children の先頭に,最初に挿入したウィジェットが w.children の末尾にある.

2.2.3 より複雑な構造へ

あるレイアウトに,別のレイアウトを子として持たせることで,より複雑な構造を持
つウィジェットツリーを実現することができる.スクリーンマネージャも同様である.

例として,数をかぞえるカウンターのプログラムを作ってみよう.コード 2.3 に
Python スクリプトを,図 2.6 にスクリーンショットとウィジェットツリーをそれぞ
れ示す.

コード 2.3 カウンタープログラムの Python スクリプト

```python
from kivy.app import App
from kivy.uix.boxlayout import BoxLayout
from kivy.uix.button import Button
from kivy.uix.label import Label

Label.font_size = 32

class IncreaseButton(Button):
    def on_press(self):
        lbl = self.parent.parent.lbl
```

```
11      lbl.value = lbl.value+1
12      lbl.text = str(lbl.value)
13
14 class ResetButton(Button):
15   def on_press(self):
16      lbl = self.parent.parent.lbl
17      lbl.value = 0
18      lbl.text = str(lbl.value)
19
20 class MyRoot(BoxLayout):
21   orientation = 'horizontal'
22   def __init__(self, **kwargs):
23      super(MyRoot, self).__init__(**kwargs)
24      self.lbl = Label(text='0')
25      self.lbl.value = 0
26      self.add_widget(self.lbl)
27      box = BoxLayout(orientation='vertical')
28      btn1 = IncreaseButton(text='Increase')
29      btn2 = ResetButton(text='Reset')
30      box.add_widget(btn1)
31      box.add_widget(btn2)
32      self.add_widget(box)
33
34 class counterApp(App):
35   def build(self):
36      return MyRoot()
37
38 counterApp().run()
```

　このプログラムは，Increase ボタンを押せば左側にある数が 1 ずつ増え，Reset ボタンを押せば左側にある数が 0 にリセットされる，という単純なものである．

　このプログラムのルートウィジェットは MyRoot オブジェクトである (36 行目)．MyRoot は BoxLayout を継承するが (20 行目)，その MyRoot オブジェクトは，BoxLayout オブジェクトである box を子に持つ (27, 32 行目)．MyRoot オブジェクトは，ウィンドウ全体に対して，Label オブジェクトである lbl (24 から 26 行目) および box を横に並べるものである．そしてこの box は，ウィンドウ右側に対して，Increase, Reset と書かれた 2 つのボタンを縦に並べるものである．

　コード 2.3 の詳細を説明する前に，Label と Button の使い方について簡単に触れておく．Label は文字列を表示するためのウィジェットで，text プロパティでその文字列を，font_size プロパティで文字の大きさを指定する．

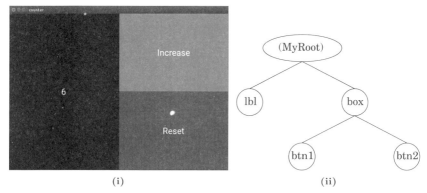

図 2.6 カウンタープログラム (コード 2.3) の (i) スクリーンショット, および (ii) ウィジェットツリー. ウィジェットの名前は, MyRoot クラスの __init__() メソッドにおける変数名である.

```
lbl = Label(text='Hello, world.', font_size=24)
```

Button では, タッチされたときに on_press() メソッドが, タッチが離れたときに on_release() メソッドがそれぞれ呼び出される. したがってタッチ操作に対して所望の反応を行うボタンを作るには, Button のサブクラスを定義し, これらのメソッドをオーバーライドするとよい. 以下の MyButton クラスは, タッチされたときとタッチが離れたときに, それぞれ端末に文字列を出力する.

```
class MyButton(Button):
    def on_press(self):
        print('You pressed me.')
    def on_release(self):
        print('You released me.')
```

Button は Label を継承しているため, text や font_size など Label のプロパティも基本的に利用可能である.

以上を踏まえ, コード 2.3 のポイントを説明する.

6 行目: Label のフォントサイズのデフォルト値は 32 となる. この設定は Label のサブクラスである Button にも継承される.

36 行目: このプログラムにおけるルートウィジェットは, アプリクラスの build() メソッドが返す MyRoot クラスのオブジェクトである.

20 から 32 行目: MyRoot クラスは BoxLayout を継承する (20 行目). 23 行目では, MyRoot のスーパークラスである BoxLayout のコンストラクタが呼び出されている. スーパークラスの __init__() をオーバーライドする場合, そのスーパークラスの基本的な機能を継承するためにはこの命令が必要であ

る [*5].

MyRoot オブジェクトは 2 つの子を持つ. それは Label オブジェクト (24 行目) と BoxLayout オブジェクト (27 行目) である.

- Label オブジェクトは, カウンターの数を表示するためのもので, 数を変更する操作などで後から必要になるため, MyRoot オブジェクトの属性 lbl として保持する (24 行目). 属性 value に, カウンターの数を保持する (25 行目).
- BoxLayout オブジェクトは, さらに IncreaseButton オブジェクト (28 行目) と ResetButton オブジェクト (29 行目) を子に持つ. この 2 つは縦に並べられる.

8 から 12 行目: IncreaseButton クラスは Button を継承する (8 行目). 9 行目以降は on_press() メソッドで, ボタンがタッチされたときに呼び出される. 10 行目では, IncreaseButton オブジェクトである self の, 親の親の属性である lbl を参照している. self の親の親は, 図 2.6 のウィジェットツリーの通り, ルートウィジェットである MyRoot オブジェクトである. したがって lbl には, ルートウィジェットの lbl 属性である, Label オブジェクトが渡される. 11 行目では lbl.value の値を 1 増やし, 12 行目ではその値を文字列に反映させている.

14 から 18 行目: ResetButton クラスは Button を継承する (14 行目). 15 行目以降は, 上で述べた IncreaseButton の on_press() メソッドとの類推から理解されよう.

2.3 ウィジェットのサイズと位置

ここではレイアウトの子となったウィジェットのサイズや位置を, どのように決定するかについて述べる.

最初に注意が必要なのは, レイアウトによっては, ウィジェットのサイズと位置の両方を決定する必要はない, ということである. たとえば BoxLayout では, 縦もしくは横の一列に子ウィジェットをうまく並べてくれる. つまり, 位置は自動的に決定されるのである. 一方, FloatLayout においては, サイズと位置の両方を決定する必要がある. 決定する必要があるのは一方でよいのか, もしくは両方なのかは, 使用するレイアウトの特徴から直ちにわかる.

第 2.3.1 項では, Kivy における 2 つの座標系, 絶対座標系と相対座標系について述

[*5] Python3 系の場合, super() メソッドの引数は省略しても構わない.

べる．第 2.3.2 項では，サイズや位置を指定する 2 つの方法，絶対指定と相対指定について述べる．第 2.3.3 項ではサイズの指定，第 2.3.4 項では位置の指定について，それぞれ例を用いて説明する．第 2.3.5 項ではピクセルなど，数値の単位について触れる．

2.3.1 絶対座標系と相対座標系

絶対座標系とは，ウィンドウの左下の点を原点 $(0,0)$ とする座標系である．一方相対座標系は，レイアウトの左下の点を原点 $(0,0)$ とする座標系である．相対座標系は，RelativeLayout と ScatterLayout で用いられる．いずれの座標系においても，x 座標の値は右にある点ほど大きく，y 座標の値は上にある点ほど大きいが，回転操作によって座標変換が起きた場合は (ScatterLayout など)，その限りではない．

図 2.3 を再び見てみよう．FloatLayout, RelativeLayout, ScatterLayout の中に現れる数は，図形の (バウンディングボックスの左下の点の) x 座標および y 座標の値である．FloatLayout では絶対座標が用いられるため，ウィンドウの左下の点が原点 $(0,0)$ となる．一方，RelativeLayout では相対座標が用いられるため，黒いショーケースの左下の点が原点 $(0,0)$ となるのである．ScatterLayout は RelativeLayout と同様だが，この図では回転操作による座標変換が起きている．

各ウィジェットには親の座標系が適用される．したがって RelativeLayout や ScatterLayout を先祖に持つウィジェットは，その相対座標系にしたがう．一方，すべての先祖が絶対座標系にしたがうならば，そのウィジェットも絶対座標系にしたがう．

以下では，特に断りがない限り絶対座標系を用いる．

2.3.2 絶対指定と相対指定

ウィジェットのサイズおよび位置は，絶対指定もしくは相対指定のいずれかを用いて指定することができる．絶対指定とは，たとえば「このウィジェットの幅は 400 px (ピクセル)」のように，具体的な数値を指定するものである．一方，相対指定とは，親レイアウトを基準とし，たとえば「このウィジェットの幅は親レイアウトの幅の 40%」のように指定するものである．

もし，ウィンドウのサイズが変わるなど，何らかの理由で親レイアウトの幅が変わったとき，絶対指定された子ウィジェットの幅は変わらないが，相対指定された子ウィジェットの幅は変わる．また，「幅は絶対指定，高さは相対指定，x 座標は相対指定」といったように，プロパティごとに異なる指定方法を用いることもできる．

2.3.3 サイズの指定

ウィジェットのサイズは，それを囲むバウンディングボックスの幅と高さによって

表 2.1 ウィジェットのサイズに関するプロパティ

	幅	高さ	(リスト)
絶対指定	width	height	size=[$width, height$]
相対指定	size_hint_x	size_hint_y	size_hint=[$size\_hint\_x, size\_hint\_y$]

決定される．ウィジェットのサイズに関するプロパティを表 2.1 に示す．

幅 (もしくは高さ) の値を絶対指定するには，width (height) に数値を渡すのみならず，対応する相対指定のプロパティである，size_hint_x (size_hint_y) に None を渡さなければならない．つまり，

```
w.width = 200
```

とするだけは十分ではなく，

```
w.size_hint_x = None
```

が必要である．言い換えれば，size_hint_x (size_hint_y) に None ではなく数値が入っている限り，width (height) に何を渡しても，幅 (高さ) は相対指定されたものとみなされる．

絶対数値における数値の単位は px (ピクセル) だが，別の単位を用いることもできる (第 2.3.5 項).

相対指定の場合，size_hint_x や size_hint_y には比率を渡すが，これが何の比率を表すかは，文脈によって異なるのがポイントである．比率が表すのは次のいずれかである．

- 子ウィジェット間の比率: BoxLayout で一列に並べる場合など，親レイアウトの幅 (高さ) を比例配分するときの比率を表す．
- 親レイアウトに対する比率: FloatLayout など，親レイアウトの幅 (高さ) に対する比率を表す．

なお size_hint_x, size_hint_y の初期値はいずれも 1 である．

例として，BoxLayout 上でウィジェットのサイズを相対指定してみよう．コード 2.2 同様，3 つのボタンを横に並べて配置するが，それぞれのサイズを相対指定する．このプログラムの Python スクリプトをコード 2.4, スクリーンショットを図 2.7 にそれぞれ示す．

コード 2.4 BoxLayout 上のボタンのサイズを相対指定するプログラムの Python スクリプト

```
1  from kivy.app import App
2  from kivy.uix.boxlayout import BoxLayout
3  from kivy.uix.button import Button
4
5  class SizeHintApp(App):
6      def build(self):
```

2.3 ウィジェットのサイズと位置

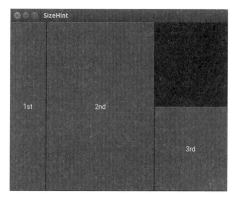

図 2.7 BoxLayout 上のボタンのサイズを相対指定するプログラム (コード 2.4) のスクリーンショット

```
 7      layout = BoxLayout(orientation='horizontal')
 8      b1 = Button(text='1st', size_hint_x=1)
 9      b2 = Button(text='2nd', size_hint_x=3)
10      b3 = Button(text='3rd', size_hint=[2,0.5])
11      layout.add_widget(b1)
12      layout.add_widget(b2)
13      layout.add_widget(b3)
14      return layout
15
16 SizeHintApp().run()
```

BoxLayout でウィジェットを横に並べるとき, size_hint_x の値は, レイアウトの幅を比例配分するための比率を表す. 3 つのボタン (b1, b2, b3) の size_hint_x の値は, それぞれ 1, 3, 2 なので (8, 9, 10 行目), 3 つのボタンの幅の比は $1:3:2$ となる.

一方, size_hint_y の値は, レイアウトの高さに対する比を表す. ボタン b1, b2 の高さはレイアウトの高さと一致するが (size_hint_y の初期値は 1 であることに注意), b3 の高さはレイアウトの高さの半分となる (10 行目).

なお 10 行目は, 次のように書き換えても構わない.

```
b3 = Button(text='3rd')
b3.size_hint_x = 2
b3.size_hint_y = 0.5
```

レイアウトの幅 (もしくは高さ) を複数のウィジェットに配分するにあたり, ウィジェット間で絶対指定と相対指定を併用することもできる. この場合, レイアウトの幅 (高さ) のうち, 絶対指定によって占められなかった部分が相対指定の比率にしたがって比例配分される. コード 2.4 において, たとえば 10 行目を以下のように書き換えた

とする.

```
b3 = Button(text='3rd', size_hint=[None,0.5], width=150)
```

ボタン b3 の幅は 150 px となり，残りの幅が，ボタン b1 と b2 で 1 : 3 に比例配分される.

2.3.4 位 置 の 指 定

位置を示すプロパティには，

$$\text{x, center\_x, right, y, center\_y, top}$$

の 6 つがあるが，これらがウィジェットのどの位置情報を表すかを，図 2.8 に示す．これら 6 つのほか，pos リストと center リストが利用可能である．

$$\text{pos=}[x,\ y],\ \text{center=}[center\_x,\ center\_y]$$

ウィジェットの位置を絶対指定するには，これらのプロパティに値を代入すればよい．

```
w.x = 200
w.top = 100
```

ただし x 軸方向に関する 3 つのプロパティ (x, center_x, right) は連動していて，1 つの値が変わると，残り 2 つの値も自動的に更新される．これは y 軸方向に関する 3 つのプロパティ (y, center_y, top) についても同様である．

一方，ウィジェットの位置を相対指定するには pos_hint 辞書を用いる．pos_hint は，上に挙げた 6 つのプロパティ名をキーとして持つことができ，その値は親レイアウトの幅や高さに対する割合を示す．

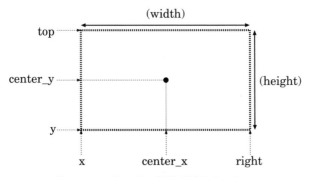

図 2.8 ウィジェットの位置に関するプロパティ

```
w.pos_hint = {'x':0.5, 'top':0.8}
```

なお pos_hint の初期値は{} (空の辞書) である．次の例のように，同じ概念に対して絶対指定と相対指定の両方がなされた場合，相対指定が優先される．

```
w.pos_hint = {'x':0.5, 'top':0.8}
w.x = 200
```

なお pos_hint 辞書は，すべてのレイアウトでサポートされているわけではないことに注意が必要である．

例として，FloatLayout (kivy.uix.floatlayout) 上にウィジェットを配置してみよう．FloatLayout 上に 2 つのボタンを配置するプログラムを作る．このプログラムの Python スクリプトをコード 2.5，そのスクリーンショットを図 2.9 にそれぞれ示す．

コード 2.5 FloatLayout 上に 2 つのボタンを配置するプログラムの Python スクリプト

```
from kivy.app import App
from kivy.uix.floatlayout import FloatLayout
from kivy.uix.button import Button

class FloatApp(App):
    def build(self):
        layout = FloatLayout()
        b1 = Button(text='1st', size_hint=[0.2,0.2],\
                    right=400, y=50)
        b2 = Button(text='2nd', size_hint=[0.2,0.2],\
                    pos_hint={'center_x':0.5, 'top':0.9})
        layout.add_widget(b1)
        layout.add_widget(b2)
        return layout

FloatApp().run()
```

2 つのボタン b1, b2 の幅と高さは相対指定されていて，いずれも親レイアウトである layout の幅と高さの 0.2 倍である (8, 10 行目)．ボタン b1 の位置は絶対指定されている．すなわち，ボタンの右辺の x 座標 (right) が 400，下辺の y 座標 (y) が 50 となるように配置されている．一方，ボタン b2 の位置は相対指定されている．すなわち，ボタンの中心の x 座標 (center_x) が親の幅の 0.5 倍[*6]，上辺の y 座標 (top) が親の高さの 0.9 倍となるように配置されている．

[*6] この結果，レイアウトとボタン b2 の中心の x 座標は一致する．これはウィジェットをレイアウトの中心に配置したいときに使えるテクニックである．

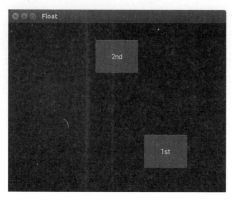

図 2.9　FloatLayout 上に 2 つのボタンを配置するプログラム (コード 2.5) のスクリーンショット

2.3.5　数値の単位

サイズや位置に関する数値の単位は, デフォルトでは px (ピクセル) である. px の他にも pt (ポイント), mm (ミリメートル), cm (センチメートル), in (インチ), dp (密度非依存型ピクセル, density-independent pixels), sp (スケール非依存型ピクセル, scale-independent pixels) などを利用することができる. これらの単位によって値を指定するには,

```
w.width = '100pt'
w.height = '200sp'
```

のように文字列を用いるか,

```
from kivy.metrics import pt,sp

w.width = pt(100)
w.height = sp(200)
```

のように, kivy.metrics モジュールから, 単位変換のための関数をインポートして用いる.

2.4　日本語の取扱い

Kivy では日本語を表示させることができる. 日本語を表示させるには,
1) (通常の Python ファイル同様) ファイルの文字コードを宣言し,
2) 使用する TrueType フォントファイル (*.ttf) を指定する
必要がある.

このうち 1) については，ファイルの冒頭に

```
# -*- coding: utf-8 -*-
```

などのように書けばよい．

一方 2) については，LabelBase モジュールと DEFAULT_FONT パラメータ (kivy.core.text) を用いて，デフォルトフォントを設定することができる．

```
from kivy.core.text import LabelBase, DEFAULT_FONT

LabelBase.register(DEFAULT_FONT, 'myfont.ttf')
```

ここで myfont.ttf はフォントファイルの名前であり，main.py と同じディレクトリに置いてあることを仮定している．フォントファイルはシステム内の適当な場所にあるので，その中から適当なものをコピーするか [7]，もしくは適当なウェブサイトからダウンロードするとよい．なお拡張子 .ttf は省略することもできる．

Label，およびそのサブクラス (Button など) のウィジェットに個別にフォントを指定する場合は，font_name 属性を用いる．

```
label = Label(text='日本語', font_name='myfont.ttf')
```

なお Python2 の場合，

```
u'日本語'
```

のように，文字列の前に utf を表す u を付けるなど，適宜修正を行う必要がある．

このように日本語を表示させることはできるが，残念ながら，TextInput などを通じてユーザーが日本語を入力するための機能は公式にはサポートされていない [8]．

2.5 演習問題

演習 2.1 タッチするごとに，文字列が ON, OFF, ON, ... と切り替わるようなボタンのみから成るプログラムを作成せよ．

演習 2.2 2つのボタンが横に並び，ボタンをタッチすると，そのタッチされたボタンの幅が相対的に大きくなるようなプログラムを作成せよ．

演習 2.3 コード 2.4 に関して，ボタンをタッチすると，そのタッチされたボタンが

---

[7] resource_add_path() 関数 (kivy.resources) を用いて，フォントファイルのあるディレクトリにパスを通すこともできる．

[8] Windows の Kivy で日本語入力を実現するための方法が，たとえば https://qiita.com/dario_okazaki/items/8c6953166b336e83e417 で紹介されている．「Kivy 日本語入力」などで検索するとよい．

ウィジェットツリーから取り除かれる (したがってウィンドウから消える) ように修正せよ.

次の演習では TextInput (kivy.uix.textinput) を使用する. このクラスでは, text プロパティは入力された文字列を, multiline プロパティは複数行入力を認める (True) か否か (False) を示す. また on_text_validate() 関数は, 文字列が入力され, Enter キーが押されたときに呼び出されるもので, 複数行入力がオフ (すなわち multiline=False) のときのみ有効である. TextInput の詳細は第 8.2.7 項を参照されたい.

次のコードにおいて, MyTI クラスのオブジェクトを生成し, 適当な文字列を入力し, 最後に Enter キーを押せば, 入力した文字列が標準出力に表示されるであろう.

```
from kivy.uix.textinput import TextInput

class MyTI(TextInput):
    multiline = False
    def on_text_validate(self):
        print(self.text)
```

演習 2.4 次のようなプログラムを作成せよ. 完成したプログラムのスクリーンショットを図 2.10 に示す.

- TextInput, Label, Button が 1 つずつ縦に並べられる.
- TextInput は単一行の入力のみを受け付ける. 文字列を入力後, Enter キーを押すと, その文字列がラベルに表示される.
- ボタンを押すたびに, ラベルの文字列の色が 白 → 青 → 赤 → 白 → ··· のように変化する.

文字列の色を設定するには, RGBA モデルに基づき, color プロパティにタプルを

図 2.10　演習 2.4 で作成するプログラムのスクリーンショット

渡すとよい.

```
label = Label(text='blue', color=(0,0,1,1)) #青
```

演習 2.5 次のようなプログラムを作成せよ. 完成したプログラムのスクリーンショットを図 2.11 に示す.

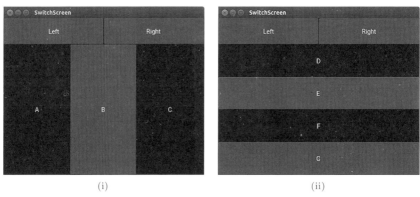

(i)   (ii)

図 2.11 演習 2.5 で作成するプログラムのスクリーンショット

- ウィンドウ上部に Left, Right と書かれた 2 つのボタンがある.
- Left をタッチすると (i) のスクリーン, Right をタッチすると (ii) のスクリーンにそれぞれ切り替わる. プログラム開始直後は (i) のスクリーンである.
- ウィジェット A, C, D, F はラベル, ウィジェット B, E, G はボタンである.

ヒントとして, ルートウィジェットを `BoxLayout` オブジェクトとし (`orientation='vertical'`), その子として 2 つの `BoxLayout` オブジェクト box1, box2 を持たせる. box1 の子として, 2 つのボタン Left, Right を持たせる. Left もしくは Right ボタンが押されると, box2 内のウィジェットが削除され, 新しいウィジェットが挿入されるようにするとよい.

3 イベントとプロパティ

Kivy プログラムは，タッチ入力などのイベントによってその流れが決定される，イベント駆動型のプログラムとみなすことができる．第 2.2.1 項で述べたとおり，Kivy プログラムの内部ではメインループと呼ばれる処理が繰り返し走っているが，メインループがイベントを検知すると，そのイベントにバインド（紐付け）された関数やメソッドが呼び出される．これによって処理が進行するのである．

本章では次の 3 種類のイベントを取り上げ，これらをどのように制御するのかを説明する．

- ウィジェットイベント： Button のタッチなど，ウィジェットごとに定義されたイベントを指す．ここでは特にプロパティイベントを取り扱う．
- クロックイベント：「5 秒ごとに発生」あるいは「10 秒後に 1 度だけ発生」のように，時間に基づいてスケジュールされたイベントを指す．
- タッチイベント： デバイスからの入力に対して発生するイベントのうち，座標情報を持つものを指す．たとえばスクリーンタッチやマウス操作はこれに該当する．

本章の構成は以下の通りである．第 3.1 節では，はじめにプロパティの説明を行い，次いでプロパティイベントをどのように制御するかについて述べる．第 3.2 節ではクロックイベント，第 3.3 節ではタッチイベントをどのように制御するかについてそれぞれ述べる．最後に第 3.4 節で演習を行う．

3.1 プロパティイベント

3.1.1 プロパティ

任意のウィジェットにはプロパティと呼ばれる属性を持たせることができるが，このプロパティとは Kivy 独自の仕組みであり，Python における property() 関数やデコレータとはまったく異なるので，注意が必要である．第 2 章で取り上げた幅 (width) や文字列 (text) なども，すべてプロパティである．

プロパティはオブザーバーパターンの機能を備えている．たとえばプロパティに値を代入するとき，Kivy はその値の型が妥当か否かを検証する．そしてもし否であれば，

エラーメッセージの出力や代替値の代入など，例外処理に移行させることができる．一方，妥当な値が代入され，プロパティの値が変更されたときには，別の関数やメソッドを呼び出すように設定することもできる．つまり，プロパティの値が変更されるというイベント (プロパティイベント) に対して関数やメソッドをバインドすることができるのである．

プロパティは，簡潔なプログラムを書く上でも重要な役割を果たす．たとえば KV スクリプトの中でうまく用いることによって，ソースコードを大幅に簡略化することもできる．これについては第 4 章で改めて述べる．

プロパティは，クラスの属性として定義しなければならない．このとき，そのプロパティで取扱う値に応じて適切なプロパティクラスを選ぶ必要がある．

例で示そう．クラス MyClass に，数値用のプロパティクラス NumericProperty のプロパティ num，および文字列用のプロパティクラス StringProperty のプロパティ s を持たせるには以下のように書く．

```
from kivy.properties import NumericProperty
from kivy.uix.widget import Widget

class MyClass(Widget):
    num = NumericProperty()
    s = StringProperty()
```

ここで注意が必要なのは，プロパティはクラスレベルで定義しなければならないことである．トップレベルやクラスメソッドの内部でプロパティを定義してはならない．

プロパティクラスの一覧を表 3.1 に示す．以下のように，初期値を与えてプロパティを定義することもできる．

```
class MyClass(Widget):
    num = NumericProperty(10)
    s = StringProperty('property')
```

この場合，プロパティ num, s の初期値はそれぞれ 10, 'property' となる．

プロパティを持たせたクラスのオブジェクトでは，一般の属性と同じようにプロパティを使用することができる．たとえば次のような具合である．

```
obj = MyClass()
print(obj.num, obj.s)    // 10 property
obj.num = 20
obj.s += ' is awesome.'
print(obj.num, obj.s)    // 20 property is awesome.
```

しかし以下のようにプロパティ s に数値を代入すると，エラーが発生する．

表 3.1 プロパティクラスの一覧

プロパティクラス	取扱う値
NumericProperty	数値 (整数と小数)
StringProperty	文字列
ListProperty	リスト
ObjectProperty	オブジェクト (ウィジェットなど)
BooleanProperty	ブール値 (True もしくは False)
BoundedNumericProperty	数値 (最大値を max, 最小値を min によって設定可能)
OptionProperty	文字列のリスト (選択肢を表す)
ReferenceListProperty	プロパティのタプル
AliasProperty	独自のゲッターとセッターを持つプロパティ
DictProperty	辞書
VariableListProperty	リスト (状況に応じて, 反復によって拡張される)
ConfigParserProperty	ConfigParser クラス (第 7.1.1 項) の設定値

表 3.2 Property クラス (kivy.properties) の主な属性

属性名	取り得る値	概要
allownone	ブール値	プロパティの値として None を許可する (True) か否か (False) を表す.
errorhandler	単一引数の関数もしくはラムダ関数	不正な値が代入されたときの例外処理.
errorvalue	当該プロパティが取り得る値	不正な値が代入されたときの代替値. errorhandler をオーバーライドする.

```
obj.s = 100
```

これは s が StringProperty のプロパティだからである. このプロパティは文字列のみを取扱うため, それ以外の値を代入しようとするとエラーが発生するのである.

表 3.1 に示したプロパティクラスはすべて Property クラス (kivy.properties) を継承しているため, Property クラスの属性を用いて様々な設定を行うことができる. そのような属性のうち主なものを表 3.2 に示す. さらにプロパティクラスの中には固有の属性を持つものもあり, そのクラスに固有の設定を行うことができる. たとえば BoundedNumericProperty は max と min という属性を持つが, これらによって, 取り得る数値の最大値と最小値をそれぞれ設定することができる. このような設定は, プロパティを定義するときのみ可能である. たとえば数値を取扱うプロパティで, 初期値が 1, 最大値が 10, 最小値が 0, 不正な値が代入されたときには 5 を代替値として用いるようなものは, 以下のように定義する.

```
class MyClass(Widget):
    x = BoundedNumericProperty(1, max=10, min=0, errorvalue=5)
```

これらの設定値をオブジェクト生成後に変更することはできない. たとえば以下のように書くとエラーが発生する.

```
obj = MyClass()
obj.errorvalue = 0
```

3.1.2 プロパティイベント

プロパティの値が変更されるというイベントをプロパティイベントという．このイベントは値が変更されなければ発生しない．したがって，たとえプロパティに値を代入しても，それが当初入っていた値と同一ならばプロパティイベントは発生しない [*1]．

プロパティイベントが発生したとき，そのイベントに対応する処理を行うための関数やメソッドを記述することができる．プロパティ prop が属するクラス内にそのようなメソッドを定める場合，その名前にはデフォルト名である on_prop を付けると便利である．何も設定を書かなくても，この on_prop() メソッドは自動的にプロパティ prop のプロパティイベントに紐付けされたメソッドとなる．ただし self のほか，対象となるオブジェクト (obj とする) と，新しく代入された値 (value とする) を引数として取るようにしなければならないため，

```
def on_prop(self, obj, value):
```

あるいは

```
def on_prop(self, *args):
```

のように引数を書く必要がある．

一方，別の関数やメソッドをバインドするには bind() を用いる．その書式は，

```
obj.bind(prop=callback)
```

というものである．ここで obj は対象となるオブジェクト，prop は obj のプロパティ，callback はバインドする関数の名前である．obj.bind(num=callback) のように，関数の引数として渡される関数のことをコールバック関数という．以下に使用例を示す．

```
class MyClass(Widget):
    num = NumericProperty(0)

def callback(obj, val):
    print('num has been changed to', val)

obj = MyClass()
obj.bind(num=callback)
obj.num = 1
```

[*1] 同一の値を代入してもイベントが発生するように設定を変更することもできるが，本書では省略する．

```
obj.num = 10
```

このコードの実行結果は以下の通りである.

```
num has been changed to 1
num has been changed to 10
```

バインドを解除するには unbind() を用いる. 書式は bind() と同様で, たとえば上の例の場合,

```
obj.unbind(num=callback)
```

と書くことで, バインドを解除できる.

本節の冒頭で述べたとおり, width や text など, 当初から各種ウィジェットに与えられている属性も基本的にはプロパティである. したがって on_width() や on_text() をプロパティイベントに対応するためのメソッドとして用いることができるし, bind() を用いて別の関数をバインドすることもできる.

3.2 クロックイベント

クロックイベントを使うには, Clock クラス (kivy.clock) をインポートする.

```
from kivy.clock import Clock
```

クロックイベントの使い方を理解するために, 簡単なストップウオッチのプログラムを作ってみよう. コード 3.1 にソースコード, 図 3.1 にプログラムのスクリーンショットを示す.

コード 3.1 ストップウォッチプログラムの Python スクリプト

```
1  from kivy.app import App
2  from kivy.clock import Clock
3  from kivy.uix.boxlayout import BoxLayout
4  from kivy.uix.label import Label
5  from kivy.uix.button import Button
6  from kivy.properties import NumericProperty
7
8  class MyLabel(Label):
9      time = NumericProperty(0)
10     def on_time(self, *args):
11         self.text = str(self.time)
12
13 class MyButton(Button):
```

3.2 クロックイベント 39

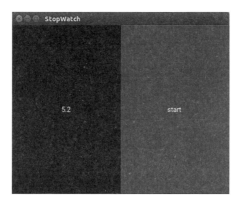

図 3.1 ストップウオッチプログラム (コード 3.1) のスクリーンショット

```
14    evt = None
15    def on_press(self):
16        if self.text == 'start':
17            self.evt = Clock.schedule_interval(self.cb, 0.2)
18            self.text = 'stop'
19        else:
20            self.evt.cancel()
21            self.text = 'start'
22    def cb(self, dt):
23        self.parent.lbl.time = round(self.parent.lbl.time+0.2, 1)
24
25 class StopWatchApp(App):
26    def build(self):
27        layout = BoxLayout()
28        layout.lbl = MyLabel(text='0')
29        layout.btn = MyButton(text='start')
30        layout.add_widget(layout.lbl)
31        layout.add_widget(layout.btn)
32        return layout
33
34 StopWatchApp().run()
```

ウィジェットツリーのルートウィジェットは layout (BoxLayout) で, その子ウィジェットは layout.lbl (MyLabel) と layout.btn (MyButton) の 2 つである. ボタンを押すとラベル上の数字が増え始めるが, これは 17 行目において, 0.2 秒ごとに数字を 0.2 増やすメソッド MyButton.cb() を呼び出すように定めたことによる. このように定期的に関数やメソッドを呼び出すようなクロックイベントを生成するには, Clock.schedule_interval() 関数を用いる. この関数の書式は以下の通りである.

```
evt = Clock.schedule_interval(cb, dt)
```

ここで cb は定期的に呼び出される関数, dt は時間間隔（単位は秒）を示す. Clock.schedule_interval() の戻り値は, ClockEvent クラス (kivy.clock) のオブジェクトである. このオブジェクトはイベントを解除するときに用いる. イベント evt の解除は Clock.unschedule() 関数を下記のように用いるか (20 行目);

```
Clock.unschedule(evt)
```

あるいは ClockEvent クラスの cancel() メソッドを用いて,

```
evt.cancel()
```

のように行う[*2]. またコールバックされた関数 cb が False を返したときにも, クロックイベントは解除される.

一度解除されたクロックイベントを再度使用するには,

```
evt()
```

とすればよい.

関数が 1 度だけ呼び出されるようなクロックイベントを生成するには, Clock.schedule_once() 関数を用いる. この関数の書式は以下の通りである.

```
Clock.schedule_once(cb, dt)
```

ただし時間間隔 dt に 0 を代入すると次のフレームの直後, −1 を代入すると次のフレームの直前で, それぞれコールバックされた関数 cb が呼び出される.

3.3 タッチイベント

タッチイベントとは何かを説明するために, Kivy ではデバイスからの入力がどのように処理されるのかについて触れておく. Kivy では, デバイスからのあらゆる入力に対し, インプットプロバイダと呼ばれる機構がモーションイベントを自動的に生成する. インプットプロバイダは OS と Kivy をつなぐ役割を果たすものだが, 一般のプログラマがそれを意識する必要はないと言っていいだろう. インプットプロバイダが生成するモーションイベントとは, 具体的には MotionEvent (kivy.input) クラスのオブジェクトである. モーションイベントは MotionEvent クラスに定められている基本プロパティのほか, 入力が行われたデバイスに応じて追加プロパティを持つ. 主な基

[*2] unschedule() は, 本質的には cancel() のエイリアスに過ぎないので, cancel() を用いるのが推奨されている.

表 3.3　モーションイベントの主な基本プロパティ

プロパティ	概要
is_double_tap	2 度タップされた (True) か否か (False) を表す
is_touch	タッチイベントである (True) か否か (False) を表す
is_triple_tap	3 度タップされた (True) か否か (False) を表す
profile	利用可能な追加プロパティのリスト (表 3.4)
time_start	イベントの開始時刻 (UNIX 時刻)
time_update	イベントの最終更新時刻 (UNIX 時刻)
time_end	イベントの終了時刻 (UNIX 時刻)

表 3.4　モーションイベントの主な追加プロパティ

プロパティ	profile の表示	概要
a	angle	2 次元の角度.
button	button	タッチされたボタンの種類. 'left' や 'right' などの値を取る.
fid	markerid	基準マーカーの ID.
pos=(x,y)	pos	2 次元座標 (絶対座標)
pos3d=(x,y,z)	pos3d	3 次元座標 (絶対座標)
pressure	pressure	タッチの圧力.
shape	shape	タッチの形. ただし Kivy 1.10.0 で認識されるのは長方形のみである.

本プロパティと追加プロパティを,それぞれ表 3.3,表 3.4 に示す.モーションイベント event が持つ追加プロパティは,文字列のリストとして event.profile に入っている.たとえば著者の環境では,マウスクリックから生成されたモーションイベントは button, pos の 2 つの追加プロパティを持つ.

このモーションイベントのうち,2 次元座標を示す追加プロパティ pos を持つものを**タッチイベント**という. 任意のタッチイベントは Window オブジェクト (kivy.core.window,第 7.3.3 項参照) を通じてウィジェットツリーに送り出されるが,このタッチイベントを処理するためのメソッドを,ウィジェットツリー内の適当なウィジェットに記述することによって,プログラムの流れを制御できるのである.タッチイベントが新しく検知されたとき,更新されたとき,終了したときの 3 通りについて,呼び出されるメソッドの名前は次のように定められている.

- on_touch_down(*touch*): タッチイベント *touch* が新しく検知されたときに呼び出されるメソッド.
- on_touch_move(*touch*): すでに存在するタッチイベント *touch* が更新されたときに呼び出されるメソッド.
- on_touch_up(*touch*): すでに存在するタッチイベント *touch* が終了するときに呼び出されるメソッド.

ここではタッチイベントが新しく検知された場合について,イベントがどのよ

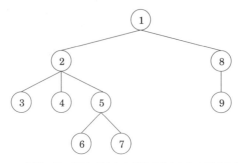

図 3.2 先順の例. 頂点に付された番号は走査される順序を表す.

うに送り出され，on_touch_down() が呼び出されるのかを述べるが，残りの 2 つ (on_touch_move() と on_touch_up()) についても同様である.

タッチイベントが新しく検知されると，最初に Window オブジェクトの on_touch_down() メソッドが呼び出される. 次いでウィジェットツリーが先順 (pre-order) で走査され，それぞれのウィジェットの on_touch_down() メソッドが呼び出される. 図 3.2 に先順の例を示す.

ウィジェット w が複数の子を持つとき，w.children リスト内の順序にしたがって走査される. つまり，最後に add_widget() されたものから走査される. この順序を変えるには，add_widget() する際に index を指定するとよい.

```
w.add_widget(a, index=1)
w.add_widget(b, index=0)
w.add_widget(c, index=2)
```

このようにすれば，index の昇順 (すなわち b→a→c) で走査される (index を指定しなければ c→b→a).

Window オブジェクトの on_touch_down() メソッドを含め，もしいずれかの on_touch_down() メソッドが True を返すと，その時点で走査は終了し，残りのウィジェットは走査されない.

注意が必要なのは，タッチイベントが (座標の意味で) ウィジェットの上で起きたかどうかに関わらず，on_touch_down() メソッドが呼び出されることである. もしウィジェットの上で起きた場合のみ処理を行いたい場合は，次の例で示すように collide_point() メソッドを用いるとよい. この関数は，指定した座標 (親の座標系) がウィジェットの内部に含まれるか否かを判定する.

タッチイベントがウィジェットツリーの中をどのように伝播するのか，それを確認するための実験的なプログラムの Python スクリプトをコード 3.2，そのスクリーンショットを図 3.3 に示す.

コード 3.2　タッチイベントに関する実験のための Python スクリプト

```python
from kivy.app import App
from kivy.core.window import Window
from kivy.properties import NumericProperty
from kivy.uix.boxlayout import BoxLayout
from kivy.uix.button import Button
from kivy.uix.label import Label
from kivy.uix.widget import Widget

def my_on_touch_down(*args):
    print('You touched the window.')
Window.bind(on_touch_down=my_on_touch_down)

class MyWidget(Widget):
    no = NumericProperty(0)
    def on_touch_down(self, touch):
        if self.collide_point(*touch.pos):
            print('You touched the widget '+str(self.no)+'.')
        return super(MyWidget, self).on_touch_down(touch)

class MyBoxLayout(MyWidget, BoxLayout):
    pass
class MyButton(MyWidget, Button):
    pass
class MyLabel(MyWidget, Label):
    pass

class TouchEventTestApp(App):
    def build(self):
        root = MyBoxLayout(no=1)
        w2 = MyBoxLayout(no=2, orientation='vertical')
        w3 = MyLabel(no=3, text='3')
        w4 = MyButton(no=4, text='4')
        w5 = MyBoxLayout(no=5)
        w6 = MyLabel(no=6, text='6')
        w7 = MyButton(no=7, text='7')
        w8 = MyBoxLayout(no=8, orientation='vertical')
        w9 = MyLabel(no=9, text='9')
        w5.add_widget(w6)
        w5.add_widget(w7)
        w2.add_widget(w3)
        w2.add_widget(w4)
        w2.add_widget(w5)
```

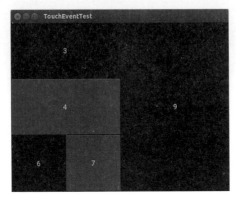

図 3.3 タッチイベントに関する実験のためのプログラム (コード 3.2) のスクリーンショット

```
43      w8.add_widget(w9)
44      root.add_widget(w2)
45      root.add_widget(w8)
46      return root
47
48 TouchEventTestApp().run()
```

このプログラムのポイントは以下の通りである.
- Window オブジェクトの on_touch_down() メソッドとして, my_on_touch_down() 関数 (9 行目) をバインドして用いている (11 行目).
- このプログラムのウィジェットツリーは図 3.2 に示した木である. アプリクラス内のウィジェット w1, ..., w9 が各頂点に対応する.
- MyBoxLayout, MyButton, MyLabel はいずれも MyWidget を継承しているため, 15 行目以降に記述された on_touch_down() メソッドを共通して持つ.
- 16 行目の collide_point() メソッドは, 指定された座標がウィジェットの内部に含まれるか否かを返す. したがって 17 行目の print 文は, タッチイベントと接触するウィジェットについてのみ実行される.
- 18 行目では, Widget クラス本来の on_touch_down() メソッドを返している.

たとえば w7 (7 が書かれたボタン) をクリックすると, 以下が出力されるであろう.

```
You touched the window.
You touched the widget 1.
You touched the widget 2.
You touched the widget 5.
```

You touched the widget 7.

これはタッチイベントがウィンドウ，および w1, w2, w5, w7 の上で起きたことを表している．また w1, w2, w5, w7 はこの順で走査されていて，これは図 3.2 で示した先順にしたがっていることが確認できる．

3.4 演習問題

演習 3.1 クロックイベントを用いて，文字列の色がネオンのように次々と変わるラベルを作れ．

演習 3.2 クロックイベントを用いて，3 つの数が次々と変わり，ボタンを押すごとに数の変化が 1 つずつ停止するような，簡易スロットマシンを作れ．図 3.4 に完成例のスクリーンショットを示す．

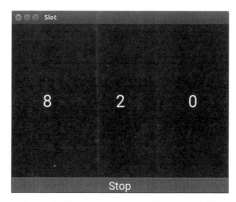

図 3.4 簡易スロットマシン (演習 3.2) の完成例

演習 3.3 図 3.5 のような簡易タイマーを作れ．仕様の概要は以下の通りである．
- テキストインプット，ボタン，ラベルから成る．
- ユーザは計測したい秒数をテキストインプットに入力する．
- ユーザがボタンを押すと時間の計測が始まり，残り秒数がラベルに表示される．残り秒数が 0 になると，計測は終了する．
- 計測中，テキストインプットとボタンを操作することはできない [*3)]．

演習 3.4 タッチイベントを用いて，FloatLayout 上の任意の場所をタッチすると，

[*3)] ウィジェットがタッチ操作を受け付けなくなるようにするには，disabled プロパティを True にするとよい．

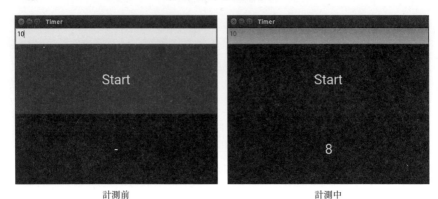

| 計測前 | 計測中 |

図 3.5 簡易タイマー (演習 3.3) の完成例

適当なサイズのボタンがその位置に生成されるようなプログラムを作れ.

4 KV 言 語

 本章では，Kivy プログラミングにおける最大の特徴である KV 言語について説明する．第 4.1 節では，KV 言語の概要を，長所と短所を中心に述べる．第 4.2 節では，KV スクリプトはどこに書くか，またどのような構成であるかなどの基本事項を述べる．第 4.3 節では KV 言語の文法を説明し，第 4.4 節では使い方のヒントを与える．最後に第 4.5 節で演習を行う．

4.1 概　　　要

 Kivy プログラムでは，機能やロジックに関する記述とデザインに関する記述を，Python と KV 言語である程度分けて書くことができる．原理的にはすべてを Python で書くことも可能だが，KV 言語を用いてデザインに関する記述をうまく書くことができれば，プログラムは驚くほど簡潔になる．ここでデザインとは，たとえばウィジェットツリーの構造やプロパティの初期値などを指す．

 KV 言語の主な長所を以下に挙げる．
- 文法は決して難しいものではない．CSS (Cascading Style Sheets) のように，直感的にデザインを指定することができる．
- ウィジェットの詳細な仕様を決めることなく，ウィジェットツリーの全体像を簡単に定めることができる．見通しを良くできるという点で，プログラミングが楽になる．一般に GUI の開発者は，あらかじめ完成イメージを決定し，あるいはある程度頭に描きながらプログラミングを行うが，KV 言語を用いれば，そのイメージを簡単に具体化することができるのである．
- Python スクリプトが簡潔になる．
    - プロパティの値が自動更新されるようになる．KV スクリプト上で，あるプロパティ p の初期値を他のプロパティ q を用いて指定すると，q の値が更新されたとき，それに応じて p の値も自動的に更新される．Python だけで書いた Kivy プログラムには，自分で書かない限り，この自動更新の機能は無い．
    - ウィジェットに子を追加するとき，`add_widget()` メソッドを何度も書かな

くてよい. 一般に, n 個のウィジェットから成るウィジェットツリーを構築するには add_widget() を $n-1$ 回書く必要があるが, KV スクリプトでは add_widget() を書く必要がない.
- import 文の一部を省略できる.

このように, KV 言語をうまく使いこなすことができれば, プログラム全体の可読性を高め, 作業を円滑化し, 管理を容易にすることができる. KV 言語こそが, Kivy プログラミングの真髄といっていいだろう.

続いて短所を挙げる.
- うまく使いこなすことがそもそも容易ではない. 慣れが必要で, 初心者は苦戦を強いられるかもしれない.
- KV スクリプトにおけるエラーは行番号が表示されないため, デバッグしづらい.
- 開発の途上にあり, 機能およびドキュメンテーションにおいて不完全な点も存在する (第 4.4 節).

このほか, プログラムの多くの部分は Python と KV 言語のどちらでも書けるが, その自由度の高さが, かえって Kivy を難しくしている, という意見もある.

4.2 基本

4.2.1 どこに書くか

KV スクリプトは, 拡張子 .kv を持つファイル (KV ファイル) か, もしくは Python ファイル内に文字列として記述する. 複数の KV ファイルあるいは文字列に書いてもよい.

KV ファイルにはデフォルトのファイル名が定められている. デフォルト名は,

<APP_NAME>.kv

である. ただし <APP_NAME> は, アプリクラス名をすべて小文字に変換し, (もしあれば) 末尾の app を取り除いた文字列である. したがって, アプリクラス名が MyApp, MYAPP, myapp, My, MY, my の場合は, いずれもデフォルト名は my.kv となる.

名前を指定して KV ファイルを読み込むには, Builder クラス (kivy.lang) の load_file() メソッドを用いる.

```
from kivy.lang import Builder
Builder.load_file('file.kv')
```

ここで file.kv は KV ファイルの名前である.

KV スクリプトを Python ファイル内に文字列として書くには，Builder クラスの load_string() メソッドを用いる．このメソッドの引数に指定された文字列が KV 言語として解釈され，読み込まれる．

```
Builder.load_string('''
<Button>:
    text: 'Hello, world.'
''')
```

4.2.2 クラスルールとウィジェットルール

KV スクリプトは，クラスルールとウィジェットルールという 2 種類のルールの集まりから成る．

クラスルールは，それが書かれた KV スクリプト，およびそれが読み込まれた後で生成される当該クラスのウィジェットのすべてについて，そのデザインを定めるものである．

例を用いて説明しよう．ボタンを 2 つ並べるだけの単純なプログラムを考える．コード 4.1 にその Python スクリプト，コード 4.2 に KV スクリプトを示す．この KV スクリプトは，デフォルト名である my.kv に記述されたものとする．Python スクリプトを実行すると，図 4.1 のような出力が得られる．

コード 4.1 ボタンを 2 つ並べるプログラムの Python スクリプト (その 1)

```
1  from kivy.app import App
2  from kivy.uix.boxlayout import BoxLayout
3  from kivy.uix.button import Button
4
5  class MyButton(Button):
```

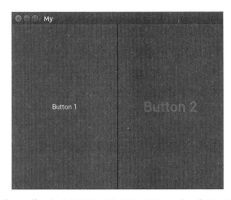

図 4.1 ボタンを 2 つ並べるプログラムのスクリーンショット: その 1 (コード 4.1, 4.2) とその 2 (コード 4.3, 4.4) で同一の結果が得られる．

```
 6      pass
 7
 8  class MyApp(App):
 9      def build(self):
10          box = BoxLayout()
11          b1 = Button(text='Button 1')
12          b2 = MyButton(text='Button 2')
13          box.add_widget(b1)
14          box.add_widget(b2)
15          return box
16
17  MyApp().run()
```

コード 4.2 ボタンを 2 つ並べるプログラムの KV スクリプト (その 1)

```
1  <MyButton>:
2      font_size: 32
3      color: 1,0,0,1
4      bold: True
```

　MyButton は Button のサブクラスだが, 単純に継承しただけのものである (コード 4.1 の 5, 6 行目). このプログラムは Button オブジェクトである b1 と MyButton オブジェクトである b2 を並べただけのものだが (コード 4.1 の 11, 12 行目), 出力におけるテキストの書式が異なるのは, MyButton のクラスルールがデフォルト名の KV ファイルに書かれているからである. デフォルト名の KV ファイルは, アプリオブジェクトの run() メソッド (コード 4.1 の 17 行目) の中で自動的に読み込まれる[*1]. コード 4.2 では, MyButton について, 文字列のフォントの大きさ (font_size) を 32, 色 (color) を赤に設定し, 太字 (bold) を使うというようなクラスルールが設定されている.

　一般にクラスルールは次のように記述する.

```
<MyWidget>:
    prop1: value1
    prop2: value2
    Child3:
        prop3: value3
```

MyWidget クラスのクラスルールを定義するには, トップレベルでクラス名を山括弧 <...> で囲み, その直後にコロン : を記述する.

[*1] run() メソッドが呼び出されると, build() メソッドが呼び出される前に, load_file() によってデフォルト名の KV ファイルが読み込まれる. 詳しくは<KIVY_PATH>/app.py を見よ.

- 以降の行に，プロパティ名とその初期値を，コロン : で区切って記述する．上記の例では，プロパティ prop1, prop2 の初期値は，それぞれ value1, value2 となる．
- MyWidget がレイアウトやスクリーンマネージャの場合，その任意のウィジェットに，子ウィジェットを持たせることもできる．上記の例では，任意の MyWidget ウィジェットは，Child3 ウィジェットを子に持ち，そのプロパティ prop3 の値は value3 となる．
- Python がそうであるように，KV 言語におけるインデント (字下げ) は文法を構成する要素である．すなわち，インデントの定める木構造が，ウィジェット間の親子関係や，各プロパティがどのウィジェットに属するかを決めるのである．インデント 1 単位あたりの空白の個数は，最初に現れるインデントによって決定される．つまり，最初のインデントが持つ空白の個数を s とすると，レベル ℓ のインデントを取るには，ちょうど $s\ell$ 個の空白を取らなければならない．ただし s は 1 以上の整数であれば何でもよい．
- シャープ (#) の後は行末までコメント文となる．

一方ウィジェットルールは，単一のウィジェットのデザインを定めるものである．特に，デフォルト名の KV ファイルにウィジェットルールが書かれているとき，そのルールの定めるウィジェットが，自動的にウィジェットツリーのルートウィジェットとなる．

上記のボタンを 2 つ並べるプログラムを，ウィジェットルールを用いて書き換える．コード 4.3 にその Python スクリプト，コード 4.4 に KV スクリプトを示す．この KV スクリプトは，デフォルト名である my.kv に記述されたものとする．Python スクリプトを実行すると，先に示したプログラム (コード 4.1, 4.2) 同様，図 4.1 のような出力が得られる．

コード 4.3 ボタンを 2 つ並べるプログラムの Python スクリプト (その 2)

```
from kivy.app import App
from kivy.uix.boxlayout import BoxLayout
from kivy.uix.button import Button

class MyBoxLayout(BoxLayout):
    pass

class MyButton(Button):
    pass

class MyApp(App):
    pass

MyApp().run()
```

コード 4.4 ボタンを 2 つ並べるプログラムの KV スクリプト (その 2)

```
1  MyBoxLayout:
2      Button:
3          text: 'Button 1'
4      MyButton:
5          text: 'Button 2'
6
7  <MyButton>:
8      font_size: 32
9      color: 1,0,0,1
10     bold: True
```

　コード 4.4 の KV スクリプトの, 1 行目から 5 行目がウィジェットルールである. ウィジェットルールの書き方は, トップレベルのクラス名を山括弧 <...> で囲まないことを除けば, クラスルールと同一である. この例の場合, ルートウィジェットのクラスは MyBoxLayout となる. ルートウィジェットは Button ウィジェットと MyButton ウィジェットの 2 つを子に持ち, その文字列はそれぞれ 'Button 1' と 'Button 2' である. また 7 行目以降に定められた MyButton のクラスルールが, MyButton ウィジェットのデザインに反映されている. MyBoxLayout が BoxLayout を継承し, MyButton が Button を継承することは, コード 4.3 の 5, 8 行目にそれぞれ書かれている.

　このように, デフォルト名の KV ファイルに書かれたウィジェットルールによってルートウィジェットを得た場合, アプリクラスの build() メソッドでルートウィジェットを返す必要はない. 実際, コード 4.3 の MyApp クラスでは build() メソッドをオーバーライドしていないにも関わらず, 意図した出力が得られている. さらに, このルートウィジェットはアプリオブジェクトの root プロパティに入っているため, 以下のように用いることも可能である.

```
class MyApp(App):
    def build(self):
        self.root.orientation = 'vertical'
```

　前項で述べたとおり, デフォルト名でない一般の KV ファイルは load_file() メソッド, 文字列に書かれた KV スクリプトは load_string() メソッドを用いてそれぞれ読み込むことができる. KV ファイルや KV スクリプトにウィジェットルールが書かれている場合, そのルールが規定するウィジェットは, Python 側で

```
w = Builder.load_file('file.kv')
```

あるいは

```
w = Builder.load_string(文字列)
```

のように書くことで取得できる.なお,ウィジェットルールが書かれていない場合,`load_file()` および `load_string()` の返り値は None である.

1つの KV スクリプトの中に,クラスルールは複数書くことができるが,ウィジェットルールは高々 1 つしか書くことができない.

4.3 文　　法

KV 言語の文法の詳細を説明するために,第 2.2.3 項で作成したカウンタープログラム (コード 2.3) を例として取り上げる.KV 言語を用いてこのプログラムを書き換えると,Python スクリプトはコード 4.5,KV スクリプトはコード 4.6 のようになる.ただし KV スクリプトは,デフォルト名 counter.kv を持つ KV ファイルに保存されたものとする.コード 2.3 と比較して,かなり簡潔に記述できることがわかるだろう.

コード 4.5　カウンタープログラムの Python スクリプト

```python
from kivy.app import App
from kivy.uix.boxlayout import BoxLayout

class MyRoot(BoxLayout):
    pass

class counterApp(App):
    pass

counterApp().run()
```

コード 4.6　カウンタープログラムの KV スクリプト

```
MyRoot:

<Label>:
    font_size: 32

<MyRoot>:
    orientation: 'horizontal'
    Label:
        id: lbl
        value: 0
        text: str(self.value)
    BoxLayout:
        orientation: 'vertical'
        Button:
            text: 'Increase'
```

```
16          on_press: lbl.value += 1
17      Button:
18          text: 'Reset'
19          on_press: lbl.value = 0
```

KVスクリプト(コード4.6)の1行目にあるウィジェットルールにより,このプログラムのルートウィジェットは,MyRootウィジェットである.Pythonスクリプト(コード4.5)の4行目にある通り,MyRootはBoxLayoutのサブクラスである.KVスクリプトによってルートウィジェットが生成されるため,アプリクラスのbuild()メソッドにおいてルートウィジェットを返す必要はない.

このKVスクリプトでは,LabelおよびMyRootの2つのウィジェットに対してクラスルールが定義されている.

以下では,このプログラムを例にとって重要な文法を説明する.

4.3.1 プロパティ

クラスルールおよびウィジェットルールでは,生成されるウィジェットのプロパティの初期値を指定することができる.値を直接指定できるのはもちろんのこと,四則演算や論理演算をはじめ,Pythonの構文を用いることが可能である.ただし値を返すような構文でなければならず,1行に収めなければならない.バックスラッシュを用いて複数行に書くことは許されない.

プロパティの初期値の指定には,自ウィジェットのみならず,他ウィジェットのプロパティを用いることも可能である.他ウィジェットの参照には,第2.2.2項で述べたparent, childrenや,以下の予約語が有用である.

  app: アプリオブジェクトを参照する.これはKVスクリプトの任意の場所において有効である[*2)].使用例として,app.rootによってアプリのルートウィジェットを参照することができる.

  root: そのルールが定めるウィジェット,つまりインデントの最も左側にあるクラスのウィジェットを参照する.

  self: そのウィジェット自身を参照する(コード4.6の11行目).

ウィジェットにidプロパティを与えると,同一ルール内の他ウィジェットからそのウィジェットを参照することができる.コード4.6ではLabelウィジェットのidとしてlblを与えているが(9行目),16, 19行目ではこのlblによって当該Labelウィジェットを参照している.

idが与えられたウィジェットはPythonスクリプトから参照することもできる.こ

[*2)] Pythonスクリプト内でアプリオブジェクトを参照する場合は,Appクラスのget_running_app()メソッドを用いるとよい(第7.1節).このメソッドはアプリオブジェクトを返す.

のとき用いるのは ids 辞書である．上記の, id として lbl が与えられた Label ウィジェットの場合, Python スクリプトの適当な場所で，

```
myroot = MyRoot()
print(myroot.ids['lbl'].text)
```

のように id を ids 辞書のキーとして用いるか，あるいは

```
print(myroot.ids.lbl.text)
```

のような表現によって参照できる．

　ルール内でカスタムプロパティを定義することもできる．コード 4.6 では, 10 行目の value がそれに当たる．ここで，カスタムプロパティのプロパティクラスを明示的に指定する必要はない．初期値に応じて適切なものが自動的に選択される．たとえばこの value は初期値が 0 であるため, NumericProperty クラスのプロパティとなる．

　KV 言語の最も有用な特徴を述べる．それは，あるプロパティ p の初期値を，他のプロパティ q を用いて指定すると, q の値が更新されたとき, p の値も自動的に更新されるということである．コード 4.6 の 11 行目では text の値を, 他のプロパティ (value) を用いて指定しているが, value の値が更新されると, text も自動的に更新されるのである. Python だけで書いた Kivy プログラムはこの自動更新の機能を持たない．もちろん, on_q() メソッドなどを定め，自動更新を実現するためのコードを書くことは可能だが，結果としてプログラムの行数は増え，複雑なものになってしまうであろう．

4.3.2　on メソッド

　KV 言語では，ウィジェットイベントにバインドされた on メソッドを定義することができる．たとえば Button のタッチに対する on_press() や, プロパティイベント (第 3.1.2 項) に対する on_prop() (prop はプロパティ名) を定義することができるのである．コード 4.6 の KV スクリプトでは, 2 つのボタンについて on_press() が定義されている (16, 19 行目).

　したがって on メソッドは, Python でも KV 言語でも定義することができる．ただし on メソッドではない，一般のメソッドを KV 言語で定義することはできない．

　on メソッドを KV 言語で定義する場合，インデントレベルを増やしてはならないという決まりがある．たとえば,

```
<MyClass>:
    on_prop:
        if self.value>0: self.text='positive'
        elif self.value<0: self.text='negative'
        else: self.text='zero'
```

と書くことは許されるが,

```
<MyClass>:
    on_prop:
        if self.value>0:
            self.text='positive'
        elif self.value<0:
            self.text='negative'
        else:
            self.text='zero'
```

のように書くことは許されない.

on メソッドの引数は args リストに格納されるため,これを利用することができる.たとえば Python で定義される on_prop() メソッドは

```
class MyClass(ParentClass):
    def on_prop(self, obj, value):
        print(value)
```

のように 3 つの引数を取るが (第 3.1.2 項), KV 言語で定義される on_prop() メソッドでは,

```
<MyClass>:
    on_prop:
        print(args[2]) # value
```

のように書くことで,引数を利用することができる.

4.3.3 動的クラス [*3)]

上記のカウンタープログラム (コード 4.5, 4.6) では, Python スクリプトにおいて MyRoot が BoxLayout のサブクラスであることを宣言しているものの,その後 Python スクリプトが MyRoot ウィジェットを直接取扱うことはない. MyRoot は KV スクリプトの中だけで用いられ,主にデザインのために導入されたクラスと言っていいだろう. このような場合,動的クラスを用いることでコードを簡略化できる.

カウンタープログラムの場合, KV スクリプト (コード 4.6) の 6 行目を次のように修正することで,動的クラスを導入できる.

```
<MyRoot@BoxLayout>:
```

このようにアットマーク @ の後に,スーパークラスを記述する.この動的クラスを導入した結果, Python スクリプト (コード 4.5) における BoxLayout のインポート (2

[*3)] 動的クラスは Kivy 1.7.0 より前で使われていたテンプレート機能の後継である.

行目) と MyRoot に関する記述 (4, 5 行目) はもはや不要となったため, これらを削除することができる.

ほかの例も見てみよう. 画像とファイル名のペアを, 3 つ横に並べて表示するプログラムを考える. このプログラムの Python スクリプトをコード 4.7, デフォルト名の KV ファイル (showcase.kv) に書かれた KV スクリプトをコード 4.8 にそれぞれ示す. また, スクリーンショットを図 4.2 に示す.

コード 4.7 画像とファイル名を並べて表示するプログラムの Python スクリプト

```
from kivy.app import App
from kivy.uix.boxlayout import BoxLayout

class Showcase(BoxLayout):
    pass
class ImageWithCaption(BoxLayout):
    pass
class ShowcaseApp(App):
    pass

ShowcaseApp().run()
```

コード 4.8 画像とファイル名を並べて表示するプログラムの KV スクリプト

```
Showcase:

<Showcase>:
    orientation: 'horizontal'
    ImageWithCaption:
```

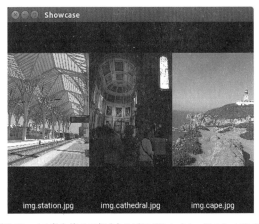

図 4.2 画像とファイル名を並べて表示するプログラム (コード 4.7, 4.8) のスクリーンショット

```
 6        source: 'img.station.jpg'
 7    ImageWithCaption:
 8        source: 'img.cathedral.jpg'
 9    ImageWithCaption:
10        source: 'img.cape.jpg'
11
12 <ImageWithCaption>:
13    source: None
14    orientation: 'vertical'
15    Image:
16        source: root.source
17    Label:
18        text: str(root.source)
19        size_hint_y: None
20        height: 30
```

　このプログラムの Python スクリプト (コード 4.7) では, BoxLayout のサブクラスとして, Showcase クラスと ImageWithCaption クラスを定義している (4, 6 行目). アプリクラスである ShowcaseApp クラスには, build() メソッドが記述されていない.

　このプログラムのルートウィジェットは, Showcase クラスのウィジェットである. このことは, KV スクリプト (コード 4.8) の 1 行目に書かれたウィジェットルールによって定められている. Showcase クラスのクラスルールは 3 行目から 10 行目に書かれており, 3 つの ImageWithCaption ウィジェットを子として持つようになっている. またそれぞれの source プロパティにはファイル名が渡されている.

　ImageWithCaption クラスのクラスルールは 12 行目以降に書かれているが, このクラスの source プロパティはカスタムプロパティであり, その初期値は None である (13 行目). そしてこの source プロパティを, 子である Image の source プロパティ (16 行目) と Label の text プロパティ (18 行目) が参照しているのである. このように, 1 つのプロパティの値を, 他の複数のプロパティで共有して用いることもできる.

　さて動的クラスの話に戻ろう. このプログラムにおける Showcase クラスと ImageWithCaption クラスは, Python スクリプト (コード 4.7) で BoxLayout のサブクラスであることが定義されているものの, その他の部分では一切使われていない. このような場合は, KV スクリプト側でこれらを動的クラス化することによって, プログラムを簡略化できる.

　具体的には, KV スクリプト (コード 4.8) の 3 行目を

```
<Showcase@BoxLayout>:
```

のように, 12 行目を

```
<ImageWithCaption@BoxLayout>:
```

のように書き換える．そうすると Python スクリプトは以下のように簡略化できるのである．

```
from kivy.app import App
class ShowcaseApp(App):
    pass
ShowcaseApp().run()
```

つまり BoxLayout のインポートは不要となる．また，Showcase, ImageWithCaption の定義も不要となる．

動的クラスを定義するとき，もし継承したいクラスが複数ある場合，

```
<MyClass@Class1+Class2>:
```

のように，スーパークラスをプラス + で区切って記述する．

動的クラスのウィジェットを Python 側で生成する場合，Factory モジュール (kivy.factory) を用いる．

```
from kivy.factory import Factory

w = Factory.MyClass()
```

4.3.4 ディレクティブ

Kivy のバージョン確認，モジュールのインポート，定数の宣言，KV ファイルのインクルードが可能である．それぞれコメント文の中で特殊な命令を用いることで行う．

a. Kivy のバージョン確認

プログラムを走らせるために必要な最低限のバージョンは，次のように指定する．

```
#:kivy 1.9.0
```

これは Python 側で以下のように書くこともできる．

```
import kivy
kivy.require('1.9.0')
```

b. インポート

パッケージやモジュールのインポートには #:import を用いる．Python では import や from を使って，

```
from x.y import z as name
from os.path import isdir
import random as rand
```

のように書くが，KV 言語ではこれらと等価な命令を下記のように行うことができる．

```
#:import name x.y.z
#:import isdir os.path.isdir
#:import rand random
```

　KV スクリプトでは, Button や Label など kivy.uix 以下にあるウィジェット, および Color などキャンバス (第 5 章) に関するクラスの大半は, インポート無しに用いることができる. それができないウィジェットは, 適宜上の要領でインポートすればよい. また Python ファイル (main.py) をインポートすれば, その中で定義された関数やクラスなどを使うこともできる.

```
#:import imported_main main
```

　インポートしたパッケージやモジュールは, Python と同じように使うことができる.

```
<Dice@Button>:
  on_press:
    print('サイコロの目は',rand.randint(1,6))
  on_release:
    imported_main.myfunction()
```

c. 定数の宣言

　定数の宣言には `#:set` を用いる.「定数」であるが, C 言語のマクロのように, 数値のみならず, リストや文字列などを定数とすることも可能である.

```
#:set default_color [0,0,1,1]
#:set default_font_size 32

<Label>:
  color: default_color
  font_size: default_font_size
```

d. インクルード

　他の KV ファイルをインクルードするには `#:include` を用いる.

```
#:include another.kv
```

　ここで another.kv は, インクルードする KV ファイルである.

　このインクルード機能により, 長い KV ファイルを分割して管理することもできる. ただし分割の結果, ファイル間の関係が複雑になると, どうしても同じファイルを 2 回以上インクルードせざるを得ないかもしれない. 同じファイルを 2 回以上インクルードしようとすると警告が発せられるが, `#:include` とファイル名の間に force を書けば, 2 回目以降のインクルードでは, 直前で当該ファイルの内容はいったん無効となり (unload_file() される), 再度インクルードされる. このとき警告は発せられない.

```
#:include force another.kv
```

4.4 使い方のヒント

4.4.1 何を KV 言語で書けばいいのか

Kivy プログラムの多くの部分は，Python でも KV 言語でも書くことができるため，何を KV 言語で書けばいいのか，またどう使い分けるのがいいか判断に迷うこともあるだろう．

まずプログラミング作業の手始めに，ウィジェットツリーのおおまかな構造を KV 言語で書くといいだろう．ルートウィジェットのクラスは，単一スクリーンのアプリならばレイアウトのいずれか，複数スクリーンのアプリならばスクリーンマネージャのいずれかを選ぶとよい．ウィジェットツリーにカスタムクラスのウィジェットが現れる場合は，適当なクラス名を付けて，詳細は後で記述すればよい．複雑な機能を持つカスタムクラスならば Python スクリプトにその機能を記述すればよいし，そうでなければ動的クラスとして取り扱うとよい．

プログラムにはいくつものレイアウトやスクリーンマネージャが現れ，それぞれ多くの子を持つかもしれない．その構造を __init__() メソッドの中に add_widget() メソッドを用いて書くか，それともクラスルールとして KV スクリプトに書くかは迷うところだが，たとえば子の個数が何らかの変数の値に依存する場合や，プログラムの流れに応じて子の追加や削除が複雑な形式で行われる場合は，__init__() メソッドに書くのがいいだろう．一方，そうでない比較的簡単な構造であれば，クラスルールとして取り扱うとよい．

on メソッドは，インデントレベルが増えない簡単なものであれば，KV 言語で記述することができる．しかしそうでない場合は Python で書かざるを得ないため，仮に，ある on メソッドを KV スクリプトに書き，またある on メソッドを Python スクリプトに書いたとすると，管理上面倒かもしれない．これについては開発者自身で決まりを定め，それにしたがって書き分けるとよいだろう．

簡潔な KV スクリプトを書くには，動的クラスを積極的に用いるとよい．次の例を見てみよう．

```
<BoxLayout>:
    Label:
        font_color: 1,0,0,1      #赤
    Label:
        font_size: 42            #フォントサイズ 42
    Label:
        font_color: 1,0,0,1      #赤
    Label:
```

```
            font_size: 42           #フォントサイズ 42
```

この例では Label について 2 通りの書式が用いられているが,

```
<BoxLayout>:
    RedLabel:
    LargeLabel:
    RedLabel:
    LargeLabel:

<RedLabel@Label>:
    font_color: 1,0,0,1

<LargeLabel@Label>:
    font_size: 42
```

と動的クラスを用いて書いたほうが, BoxLayout 内の構造がクリアになる上, 書式の変更が簡単に行えるなど管理の面でも有利である.

同様に, プロパティを用いた定義が可能な箇所は積極的に用いるとよい. カウンタープログラムの KV スクリプト (コード 4.6) の 10, 11 行目では

```
value: 0
text: str(self.value)
```

としているため, value の値が変わると, 自動的に文字列 text の値も変わるようになっているが, 明らかに以下のコードより簡潔であろう.

```
value: 0
text: '0'
on_value:
    self.text = str(self.value)
```

4.4.2 クラスルールはいつ適用されるのか

クラスルールが定められたクラスのオブジェクトを生成する際, そのクラスルールが適用されるのは, 当該クラスの __init__() メソッドが実行された後である. したがって __init__() メソッド内で, そのクラスルールが定めるウィジェットツリーにアクセスすることはできない.

4.4.3 その他のルール

ListProperty の括弧は省略可能である.

```
# array: [1,2,3,4]
array: 1,2,3,4
```

KV 言語は未だ開発の途上にあり，機能およびドキュメンテーションにおいて不完全な点も存在する．たとえば，大括弧 [·] の後のプロパティ参照が不完全である．次の表現は，意図した通りに認識されない．

```
beta: self.a.b[self.c.d].e.f
```

現状では，次の 2 行に分けて書く必要がある．

```
alpha: self.a.b[self.c.d]
beta: self.alpha.e.f
```

公式サイトのドキュメンテーションで言及されていない文法規則を以下に挙げておく．

- Python とは異なり，前方参照が可能．つまり，あるクラスルールの中で動的クラスを用いる場合など，そのクラスルールより先に動的クラスを書く必要はない．
- ルール内において，on メソッド，プロパティ，キャンバス (次章参照) は，子ウィジェットよりも先に書かなければならない．換言すれば，子ウィジェットは最後にまとめて書かなければならない．

4.5 演習問題

以下の問題では，Python スクリプトは次のものをそのまま使うこと．デフォルト名の KV ファイル (practice.kv) に KV スクリプトを書くことによって問題を解け．

```
from kivy.app import App
class PracticeApp(App):
    pass
PracticeApp().run()
```

図 4.3　演習 4.2 の完成例　　　　図 4.4　演習 4.3 の完成例

演習 4.1 演習 2.1, 2.2, 2.4 を，それぞれ KV 言語を用いて解け．

演習 4.2 図 4.3 のように，下部にあるボタンをタッチすると，それに対応する画像が上部に表示されるようなプログラムを作成せよ．

演習 4.3 図 4.4 のように，数字の書かれたボタンをタッチすると，電卓のように数が入力されるようなプログラムを作成せよ．ただし，入力される数は最大 7 桁とする．

5 キャンバス

任意のウィジェットはキャンバスを持っていて，その上に図形を描画することができる．第 5.1 節ではこのキャンバスを用いた描画の基本を説明する．描画に関する命令は，コンテキスト命令と描画命令の，大きく分けて 2 種類ある．第 5.2 節ではコンテキスト命令，第 5.3 節では描画命令のうち，基本的なものを紹介する．最後に第 5.4 節で演習を行う．

5.1 描画の基本

キャンバスを用いた描画は Python と KV 言語のいずれでも可能だが，後に述べる理由により，基本的な描画は KV 言語で書くほうが便利である．

KV 言語による描画の方法を，例を用いて説明する．コード 5.1 に，キャンバスに赤い楕円を持つ MyLabel クラスを記述した KV スクリプトを示す．この KV スクリプトは，ファイル名を mycanvas.kv として保存し，以下のような簡単な Python スクリプトからデフォルト名の KV ファイルとして呼び出すことができる．MyLabel のスクリーンショットを図 5.1 に示す．

```
from kivy.app import App
class MyCanvasApp(App):
    pass
MyCanvasApp().run()
```

コード 5.1 キャンバスに赤い楕円を持つ，MyLabel の KV スクリプト

```
1  MyLabel:
2  <MyLabel@Label>:
3      text: 'Hello, canvas.'
4      canvas:
5          Color:
6              rgba: 1,0,0,1
7          Ellipse:
8              pos: self.pos
9              size: self.size
```

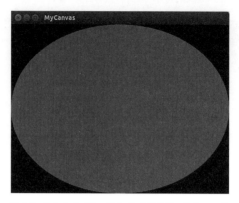

図 5.1 MyLabel (コード 5.1) のスクリーンショット

ウィジェットのキャンバスとは，具体的には canvas 属性を指す．この canvas 属性は，Canvas クラス (kivy.graphics.instructions) のオブジェクトである．描画は，キャンバスに命令 (instruction) を連ねることで行う．命令には大きく分けて 2 種類ある．1 つは色の設定や回転など，描画の状況 (コンテキスト) に関する命令で，総称してコンテキスト命令 (context instruction) と呼ばれる．もう 1 つは，定められたコンテキストの下で描画を行う命令で，総称して描画命令 (drawing instruction もしくは vertex instruction) と呼ばれる．コード 5.1 では，色を定める Color (5 行目) がコンテキスト命令であり，楕円の描画を行う Ellipse (7 行目) が描画命令にあたる．この Color 命令は描画色を赤に定め，Ellipse 命令はサイズと位置がウィジェットと同一であるような楕円を描く．

一般のプログラム同様，命令は上から順に実行される．したがってプロパティ値の指定と異なり，命令はその順序が意味を持つことに注意が必要である．たとえば，コード 5.1 において Color 命令と Ellipse 命令の順序を逆にすると，色が指定されないまま楕円が描画されることになる．その結果，初期値である [1,1,1,1] (白色) で楕円が描かれるであろう．

繰り返しになるが，キャンバスはウィジェットの属性であり，子ウィジェットではない．したがってコード 5.1 の 8, 9 行目における self はキャンバスではなく当該ウィジェットを指す．

任意のウィジェットは canvas のほか，canvas.before および canvas.after の合わせて 3 枚のキャンバスを持つ．これらはすべて同じように用いることができるが，描画される順序が異なる．canvas.before は canvas より前，canvas.after は canvas より後に描画される．したがって，canvas.before は canvas より「奥」に，canvas.after は canvas より「手前」に見えることになる．図 5.1 のスクリーンショッ

トではコード5.1の3行目で指定した文字列が見えないが,4行目において canvas ではなく canvas.before を用いれば,文字列が見えるようになる.

描画は Python で書くこともできる.コード5.1 同様,ウィジェットと同じサイズと位置を持つ赤い楕円を描画する Python スクリプトを,コード5.2 に示す.

コード 5.2 赤い楕円を描く Python スクリプト

```
from kivy.app import App
from kivy.graphics import Color, Ellipse
from kivy.uix.label import Label

class MyLabel(Label):
    def __init__(self, **kwargs):
        super(MyLabel, self).__init__(**kwargs)
        self.bind(pos=self.update)
        self.bind(size=self.update)
        self.update()
    def update(self, *args):
        self.canvas.clear()
        self.canvas.add(Color(1,0,0,1))
        self.canvas.add(Ellipse(pos=self.pos, size=self.size))

class MyCanvasApp(App):
    def build(self):
        return MyLabel(text='Hello, canvas.')

MyCanvasApp().run()
```

このスクリプトのポイントは以下の通りである.
- 実際に描画を行うのは11行目から始まる update メソッドである.そこではキャンバスを clear によって空にし (12行目),次いで Color 命令 (13行目) と Ellipse 命令 (14行目) をキャンバスに add することによって描画を行う.なおキャンバスは with 構文をサポートしており,13, 14行目は次のように書くこともできる.

```
with self.canvas:
    Color(1,0,0,1)
    Ellipse(pos=self.pos, size=self.size)
```

- __init__() メソッドではウィジェットの pos と size に update メソッドがバインドされている (8, 9行目).なぜこのようなことをしなければならないか.それは,これらのプロパティに変化があったときに,それに応じて楕円の pos と size も変化させたいからである.第3章で述べたとおり,KV 言語であるプロパティ p の初期値を別のプロパティ q の値を用いて指定すれば,プロパティ q の値が変

表 5.1　canvas の主な属性とメソッド

名前	概要
属性	
after	canvas より後に描画されるキャンバス
before	canvas より先に描画されるキャンバス
opacity	キャンバスの不透明度. 0 以上 1 以下の数値をとる.
メソッド	
clear()	canvas に与えられた命令をクリアし, 空にする

わったとき, プロパティ p の値も自動更新される. したがって, コード 5.1 の 8, 9 行目のとおり, ウィジェットの pos, size が変化すると, 楕円の pos, size も自動的に更新される. しかし Python で書く場合は, 自分で仕組みを定めない限り, 楕円の pos, size が自動更新されることはないのである.

このように KV 言語でも Python でもキャンバスに関する命令を書くことはできるが, インポートやプロパティの自動更新の煩雑さを考慮すると [*1)], 基本的な命令は KV 言語で書くのがよいことがわかるだろう.

表 5.1 に, canvas の主な属性とメソッドをまとめておく.

5.2　コンテキスト命令

本節では主なコンテキスト命令 (描画の状況に関する命令) を紹介する.

5.2.1　Color (描画色の指定)

Color (kivy.graphics) は描画色を指定するための命令である. KV 言語では以下のように色を指定する.

```
Color:
    rgb: 1, 0, 0
Color:
    rgba: 0, 0, 1, 0.5
```

それぞれ, RGB モデルによって赤, RGBA モデルによって青 (不透明度 0.5) を指定している. なお RGB モデルは, 各要素が赤, 緑, 青の強さを表すような長さ 3 のリストによって色を表す. 各要素はそれぞれ 0 以上 1 以下の値を取り, 0,0,0 は黒, 1,1,1 は白を表す. RGBA モデルは, この 3 つに不透明度を加えた長さ 4 のリストによって色を表す.

HSV モデルによって色を指定することも可能である. つまり, それぞれの要素が色

[*1)]　KV 言語では, kivy.graphics 以下の基本的な命令はインポートせずに用いることができる.

相 (hue), 彩度 (saturation), 明度 (value) の強さを表すような, 長さ 3 のリストに
よって指定することができる. ただし各要素は 0 以上 1 以下の値を取る. たとえば以
下のように色を指定する.

```
Color:
    hsv: 0, 1, 1
```

RGB モデルの要素である r, g, b, HSV モデルの要素である h, s, v, および不透明
度を表す a を, いずれも個別に指定することも可能である.

```
Color:
    r: 0
    b: 0.5
    a: 0.8
```

Python では以下のように指定する. それぞれ, 上記の 4 つの色指定と等価である.

```
Color(1, 0, 0)
Color(0, 0, 1, 0.5)
Color(0, 1, 1, 0.6, mode='hsv')
Color(r=0, b=0.5, a=0.8)
```

5.2.2 Rotate (キャンバスの回転)

Rotate (kivy.graphics) はキャンバスを回転するための命令である. origin 属
性によって原点の座標を定め, angle 属性によって回転角を定めることができる. 以
下は, 原点を (100, 50), 回転角を 45 度とする回転を実現する.

```
Rotate:
    origin: 100,50
    angle: 45
```

注意が必要なのは, Rotate を実行すると, それ以降描画されるすべてのキャンバス
も回転することである. もし, ある回転を, あるウィジェットのキャンバスに限定した
いのであれば, 描画の後, 同じ原点を中心に逆回転を実行するとよい.

```
Rotate:
    origin: 100,50
    angle: -45
```

5.2.3 Scale (キャンバスのスケーリング)

Scale (kivy.graphics) はスケーリングのための命令である. origin 属性によっ
て原点を定め, x, y 属性によってそれぞれの軸に関するスケーリングの比率を定める

ことができる．以下は，ウィジェットの中心を原点とし，横に 2 倍引き延ばすスケーリングを実現する．

```
Scale:
    origin: self.center
    x: 2
```

Rotate 同様，Scale を実行すると，それ以降描画されるすべてのキャンバスに影響が及ぶことに注意が必要である．

5.3 描画命令

本節では主な描画命令を紹介する．これらはすべて VertexInstruction クラス (kivy.graphics.instructions) のサブクラスであるため，その属性を利用することができる．たとえば，source 属性に画像ファイルの名前を代入すれば，その画像をテクスチャとして用いることができる．

1 つの描画命令は，高々 $2^{16} - 1 = 65535$ 個の「頂点 (vertex)」を持つことができる．たとえば最初に紹介する Point (正方形を描く) では，1 点の座標 (x, y) が 4 つの頂点に相当する．したがって 1 つの Point 命令につき，最大で $\lfloor 65535/4 \rfloor = 16383$ 個の正方形を描くことができる．

5.3.1 Point (正方形)

Point (kivy.graphics) は点ではなく，正方形を描くための命令である．中心の座標を points リスト，一辺の長さの半分の値を pointsize 属性で指定する．また，正方形の内部は塗りつぶされる．次の命令は，一辺の長さが 30 px $(= 15 \times 2)$ で中心の座標が $(100, 100)$ であるような緑の正方形 1 つと，一辺の長さが 10 px $(= 5 \times 2)$ で中心の座標がそれぞれ $(150, 50), (300, 150)$ であるような赤い正方形 2 つを描画する．

```
Color:
    rgb: 0,1,0
Point:
    points: 100,100
    pointsize: 15
Color:
    rgb: 1,0,0
Point:
    points: 150,50,300,150
    pointsize: 5
```

5.3.2 Line　　（線）

Line (kivy.graphics) は直線のみならず, ベジエ曲線, 多角形, 楕円 (真円を含む) など様々な図形を描くための描画命令である. Line で描画可能な図形のうち, 三角形は Triangle, 長方形は Rectangle, 一般の四角形は Quad, 楕円は Ellipse という専用の描画命令があるが, Line との違いは, Line では図形の内部が塗りつぶされないが, 専用命令では塗りつぶされることにある. Line 命令の主な属性を表 5.2 にまとめておく. 専用命令は次項以降で紹介する.

表 5.2　Line の主な属性

名前	値の型	概要
points	リスト	線分の端点の座標
width	数値	線の幅
cap	文字列	線の両端の形状
cap_precision	整数	cap = 'round' のときの描画の反復回数
joint	文字列	線分同士が接続する部分の形状
joint_precision	整数	joint = 'round' のときの描画の反復回数
close	ブール値	閉じた線か否か
dash_length	数値	破線の長さ
dash_offset	数値	破線の間隔
rectangle	リスト	長方形
rounded_rectangle	リスト	角の丸い長方形
circle	リスト	円
ellipse	リスト	楕円
bezier	リスト	ベジエ曲線
bezier_precision	整数	ベジエ曲線の描画の反復回数

次の MyWidget のキャンバスには, ウィジェットの左上の点 [*2] を始点とし, (200, 100), (150, 50), (300, 75) を順に訪れる, 幅 5 px の赤い線が引かれる.

```
<MyWidget@Widget>:
    canvas:
        Color:
            rgb: 1,0,0
        Line:
            points: self.x,self.top,200,100,150,50,300,75
            width: 5
```

Point 同様, points リストによって線分の端点の座標を指定する. また width 属性によって線の幅を指定する.

線の両端の形状を cap 属性によって指定できる. cap 属性が取り得る文字列は 'none'

[*2] 左上の点の x 座標は self.x, y 座標は self.top. 第 2.3.4 項を参照せよ.

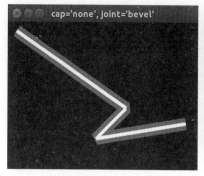
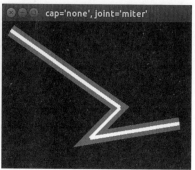

cap='none', joint='bevel'　　　　　cap='none', joint='miter'

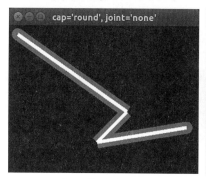
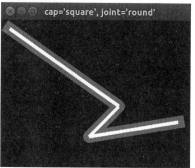

cap='round', joint='none'　　　　　cap='square', joint='round'

図 5.2　cap 属性および joint 属性によって指定できる形状. 細い白線は, 属性値による形状の違いを明確にするために便宜上描画したもの.

(無し), 'round' (円), 'square' (正方形) で, 初期値は 'round' である. 同じように, 線分同士が接続する部分の形状を joint 属性によって指定できる. joint 属性が取り得る文字列は 'bevel' (傾斜), 'miter' (斜め継ぎ), 'none' (無し), 'round' (円) で, 初期値は 'round' である. これらの形状を図 5.2 に示す. cap, joint 属性の値が 'round' の場合, 描画に要する反復回数 (描画の精緻さとみなしてよい) を, cap_precision 属性, および joint_precision 属性によってそれぞれ指定できる. 両属性とも 1 以上の値でなければならず, 初期値は 10 である.

線を閉じるか否か, すなわち両端を結ぶか否かを close 属性によって指定できる. この属性が取り得る値はブール値で, その初期値は False (閉じない) である. 線を閉じることで, Line 命令を多角形の外周の描画に用いることもできる. 以下は, (100, 100), (200, 100), (150, 200) を頂点とする三角形の外周を描く.

```
Line:
    points: 100,100,200,100,150,200
```

```
  close: True
```

実線ではなく, 破線を描くこともできる. 破線の長さを dash_length 属性, 破線の間隔を dash_offset 属性によって指定できる. ただし両属性とも, 線の幅を示す width 属性の値が 1 でない限り, ウィンドウ上の表示は更新されない.

a. 長方形

points リストではなく rectangle リストを用いれば, 長方形を描くことができる. ただし内部は塗りつぶされない. 内部が塗りつぶされた長方形を描くには, Rectangle 命令を用いるとよい (第 5.3.4 項).

以下は, 左下の頂点を $(50, 100)$, 幅を 300 px, 高さを 200 px とするような長方形を描く.

```
Line:
  rectangle: 50,100,300,200
```

また rounded_rectangle リストを用いれば, 角の丸い長方形の外周を描くことができる. 以下は上記同様, 左下の頂点を $(50, 100)$, 幅を 300 px, 高さを 200 px とするような長方形を描くが, その角は丸く, 頂点の半径は 30 px で, その円周は 50 本の線分で近似される.

```
Line:
  rounded_rectangle: 50,100,300,200,30,50
```

図 5.3 にこの命令による描画の様子を示す. 最後のパラメータ (50) は解像度 (resolution) と呼ばれ, 省略可能である (初期値は 18). 4 つの角に異なる半径を指定することも可能である. 以下では 30 px, 60 px, 70 px, 90 px の半径を, 左下, 右下, 右上, 左上の角にそれぞれ指定している.

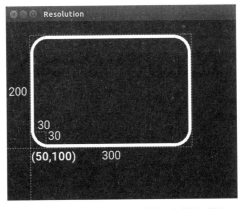

図 **5.3** rounded_rectangle を用いた描画の様子

```
Line:
  rounded_rectangle: 50,100,300,200,30,60,70,90,50
```

b. 円

points リストではなく circle リストを用いれば, 円を描くことができる. ただし内部は塗りつぶされない. 内部が塗りつぶされた円を描くには, Ellipse 命令を用いるとよい (第 5.3.7 項).

以下は, 中心を (200, 300), 半径を 100 px とするような円を描く.

```
Line:
  circle: 200,300,100
```

円弧を描くには, 始点と終点の角度を指定する. 以下は 90 度から 270 度までの円弧を描く.

```
Line:
  circle: 200,300,100,90,270
```

始点と終点の初期値は, それぞれ 0 と 360 である.

描画の精緻さを, 解像度 (上記の長方形の項を参照) によって指定することができる. 解像度の初期値は始点と終点の角度の差である (つまり 1 度に対応する円弧を 1 本の線分で近似する). 以下は円に内接する正五角形を描く.

```
Line:
  circle: 200,300,100,0,360,5
```

c. 楕　円

points リストではなく ellipse リストを用いれば, 楕円を描くことができる. ただし内部は塗りつぶされない. 内部が塗りつぶされた円を描くには, Ellipse 命令を用いるとよい (第 5.3.7 項).

以下は, バウンディングボックスの左下の点を (200, 300), そしてそのバウンディングボックスの幅と高さをそれぞれ 150 px, 100 px とするような楕円を描く.

```
Line:
  ellipse: 200,300,150,100
```

circle 同様, 円弧の始点と終点の角度, および解像度を指定することができる.

```
Line:
  ellipse: 200,300,150,100,90,270
Line:
  ellipse: 200,300,150,100,90,270,10
```

d. ベジエ曲線

pointsリストでなくbezierリストによって点の座標を指定すれば，ベジエ曲線を描くことができる．このとき，描画に要する反復回数 (描画の精緻さとみなしてよい) を，bezier_precision 属性によって指定できる．この属性は1以上の値でなければならず，その初期値は180である．ベジエ曲線を描画するためのBezierという命令が別にあるが，線の幅を指定することができないなど都合の悪い点があるため，Lineを用いて描画することが推奨される．

5.3.3 Triangle (三角形)

Triangle (kivy.graphics) は内部が塗りつぶされた三角形を描くための命令である．Line同様，pointsリストによって頂点の座標を指定する．以下は，(100, 100), (200, 100), (150, 200) を頂点とする三角形を描画する．

```
Triangle:
    points: 100,100,200,100,150,200
```

5.3.4 Rectangle (長方形)

Rectangle (kivy.graphics) は内部が塗りつぶされた長方形を描くための命令である．posリストによって左下の頂点の座標を，sizeリストによって幅と高さをそれぞれ指定する．以下は，左下の頂点を (100, 150), 幅と高さをそれぞれ 300 px, 200 px とする長方形を描画する．

```
Rectangle:
    pos: 100,150
    size: 300,200
```

ルートウィジェットのキャンバスに，そのウィジェットと同一サイズの長方形を適当な色で描画すれば，背景色が与えられることになる．

```
Root:
    canvas:
        Color:
            rgb: 1,1,1 #白
        Rectangle:
            size: self.size
            pos: self.pos
```

またsource属性にファイル名を指定することで，背景画像を指定することもできる．

```
Root:
    canvas:
```

```
Rectangle:
    size: self.size
    pos: self.pos
    source: 'filename.png'
```

5.3.5 BorderImage (縁付き画像)

BorderImage (kivy.graphics) は，枠線など縁のある画像を適切に描画するための命令で，Rectangle (第 5.3.4 項) を継承している．border 属性によって縁の大きさを設定すれば，ウィンドウの大きさが変化したときに，縁と内部の間で異なるスケーリングを実現することができる．Image などを用いて画像を表示した場合，ウィンドウが大きくなると画像もそれに連れて拡大されるが，縁が過剰に拡大され，ぼやけた表示になることもある．BorderImage を用いれば，このような現象を防ぐことができるのである．

この border 属性は長さ 4 のリストで，それぞれの要素は画像の下，右，上，左における縁の大きさ (単位はピクセル) に対応する．

5.3.6 Quad (四角形)

Quad (kivy.graphics) は内部が塗りつぶされた四角形を描くための命令である．Line 同様，points リストによって頂点の座標を指定する．以下は，$(50, 100)$，$(100, 100)$，$(100, 300)$，$(75, 300)$ を頂点に持つ台形を描画する．

```
Quad:
    points: 50,100,100,100,100,300,75,300
```

5.3.7 Ellipse (楕円)

Ellipse (kivy.graphics) は内部が塗りつぶされた楕円を描くための命令である．以下は，バウンディングボックスの左下の点を $(100, 50)$，そしてそのバウンディングボックスの幅と高さをそれぞれ 300 px，200 px とするような楕円を描く．

```
Ellipse:
    pos: 100,50
    size: 300,200
```

図 5.4 にこの命令による描画の様子を示す．Line 命令における circle や ellipse 同様，円弧を描くことができる．angle_start 属性によって始点の角度を，angle_end 属性によって終点の角度をそれぞれ指定できる．両属性の初期値はそれぞれ 0, 360 である．また，円周を何本の線分によって近似するかを segments 属性によって指定でき

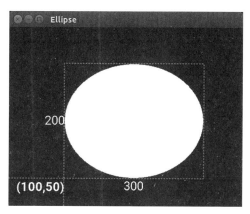

図 5.4 Ellipse を用いた描画の様子

る (初期値は 180). これを用いれば正多角形を描画することも可能である. 以下は半径 $150/2 = 75\,\mathrm{px}$ の円に内接する正五角形を描く.

```
Ellipse:
    pos: 200,300
    size: 150,150
    segments: 5
```

図 5.5 に segments の値を 5, 6, 7 と変化させたときの様子を示す.

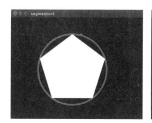

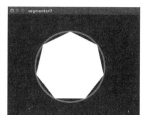

segments=5　　　　　　　segments=6　　　　　　　segments=7

図 5.5　Ellipse を用いた円の描画において, segments の値を 5, 6, 7 と変化させたときの様子

5.4　演習問題

演習 5.1　図 5.6 のように, 外周が太線で引かれ, 内部が塗りつぶされた三角形を描くプログラムを書け.

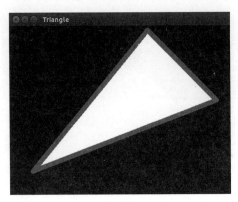

図 5.6 演習 5.1 の完成例

演習 **5.2** 図 5.4 のとおり描画するプログラムを書け．すなわち楕円のみならず，座標やバウンディングボックスの長さを示すラベル，そしてバウンディングボックスそのものも描画せよ．

演習 **5.3** 長方形が回転し続けるようなプログラムを書け．回転を表現するには，クロックイベント (第 3.2 節) を用いて適当な時間間隔でキャンバスをクリアし，回転角を更新した上で長方形を描画するとよい．

演習 **5.4** 円がウィンドウ内を直線的に動き，ウィンドウの端にぶつかると，はね返るようなプログラムを書け．円の動きを表現するには，やはりクロックイベントを用いるとよい．

6 サンプルアプリの開発

本章では, いよいよ魔方陣パズル (第 6.1 節) とマッチメイカー (第 6.2 節) を開発する. 説明を簡潔にするため, 機能や GUI は最小限のものに留めた. そのため改善の余地が残されているが, 一部を演習問題として挙げておく (第 6.3 節).

6.1 魔方陣パズル

魔方陣パズルアプリのプログラムの構造を第 6.1.1 項, その詳細を第 6.1.2 項で説明する. スクリーンショットは図 1.2 を参照されたい.

6.1.1 プログラムの構造

プログラムの main.py の概略をコード 6.1 に示す. 3 つのクラス (Board, Root, MagicApp) の詳細は, それぞれ示された番号のコードにおいて説明する.

アプリクラスの名前は MagicApp なので, KV ファイルのデフォルト名は magic.kv である. その magic.kv の概略をコード 6.2 に示す. この magic.kv にはウィジェットルールが定められているため (2 行目), このプログラムのルートウィジェットは Root クラスのウィジェットとなる. 各クラスの詳細は, それぞれ示された番号のコードで説明する. Label と Button については, 直接クラスルールを記述している (それぞれ 17, 21 行目). これにより, Label と Button を継承するすべてのクラスについて, ここで記述されたクラスルールが有効となる. font_name プロパティで用いられている 'VL-Gothic-Regular.ttf' は VL ゴシック [1] のフォントファイルである. また Button は Label を継承しているので, Label の font_name は Button においても有効となる.

コード 6.1 魔方陣パズルアプリの main.py の概略

```
# -*- coding: utf-8 -*-
from kivy.app import App
from kivy.factory import Factory
```

---

[1] http://vlgothic.dicey.org/ からダウンロード可能.

```
 4  from kivy.uix.boxlayout import BoxLayout
 5  from kivy.uix.floatlayout import FloatLayout
 6  from kivy.properties import ObjectProperty
 7  class Board(BoxLayout): #プレイ画面（コード 6.9）
 8      # ...
 9  class Root(FloatLayout): #ルートウィジェット専用クラス（コード 6.5）
10      # ...
11  class MagicApp(App): #アプリクラス（コード 6.3）
12      # ...
13  MagicApp().run()
```

コード 6.2　魔方陣パズルアプリの magic.kv の概略

```
 1  # -*- coding: utf-8 -*-
 2  Root:
 3  <Root>: #ルートウィジェット（コード 6.4）
 4      # ...
 5  <Title@BoxLayout>: #タイトル画面（コード 6.6）
 6      # ...
 7  <GoToButton@Button>: #プレイ画面に移行するためのボタン（コード 6.7）
 8      # ...
 9  <Board>: #プレイ画面（コード 6.8）
10      # ...
11  <Const@Label>: #定数を表示するためのラベル（コード 6.10）
12      # ...
13  <NumInput@TextInput>: #数を入力するためのテキストインプット（コード 6.11）
14      # ...
15  <CheckView@ModalView>: #モーダルビュー（コード 6.12）
16      # ...
17  <Label>:
18      color: 0.5,0.25,0.25,1
19      font_name: 'VL-Gothic-Regular.ttf'
20      font_size: 28
21  <Button>:
22      color: 1,1,1,1
23      font_size: 24
```

6.1.2　コードの詳細と解説

アプリクラス MagicApp の Python スクリプトをコード 6.3 に示す.

コード 6.3　MagicApp クラス (魔方陣パズル) の Python スクリプト

```
 1  class MagicApp(App):
 2      title = '魔方陣パズル'
 3      def build(self):
```

```
4|       self.root.gotoTitle()
```

デフォルト名の KV ファイル magic.kv のウィジェットルールにより (コード 6.2 の 2 行目), このプログラムのルートウィジェットは, Root クラスのウィジェットとなる. したがってアプリオブジェクトの root 属性はルートウィジェットとなる (第 4.2.2 項). 上記 build() メソッドでは, そのルートウィジェットの gotoTitle() メソッド を呼び出している.

この Root クラスは, ルートウィジェット専用のクラスである. その KV スクリプトと Python スクリプトをコード 6.4 とコード 6.5 にそれぞれ示す. このうち KV スクリプトは背景色を白に設定するためのものに過ぎない. Python スクリプトのポイントは以下の通りである.

- Root クラスは 2 つのメソッド gotoTitle() と gotoBoard() を持つが, それぞれタイトル画面とプレイ画面に移行するためのメソッドである. いずれも, 最初に clear_widgets() によって子ウィジェットがクリアされ, Title ウィジェット, および Board ウィジェットがそれぞれウィジェットツリーに追加される.
- Title クラスは KV スクリプトで定められる動的クラスであるため, これを呼び出すためには Factory モジュールを使用しなければならない (コード 6.5 の 5 行目).
- Board ウィジェットを生成する際に与える引数 no は, 問題番号を示す (コード 6.5 の 6, 8 行目).

コード 6.4　Root クラス (魔方陣パズル) の KV スクリプト

```
1|<Root>:
2|    canvas.before:
3|        Color:
4|            rgb: 1,1,1
5|        Rectangle:
6|            pos: self.pos
7|            size: self.size
```

コード 6.5　Root クラス (魔方陣パズル) の Python スクリプト

```
1|class Root(FloatLayout):
2|    board = ObjectProperty(None)
3|    def gotoTitle(self):
4|        self.clear_widgets()
5|        self.add_widget(Factory.Title())
6|    def gotoBoard(self, no):
7|        self.clear_widgets()
8|        self.board = Board(no)
9|        self.add_widget(self.board)
```

コード 6.6 はタイトル画面のための Title クラスである．その KV スクリプトを以下に示す．このクラスは動的クラスで，Python による記述を持たない．

コード 6.6　Title クラス (魔方陣パズル) の KV スクリプト

```
1  <Title@BoxLayout>:
2      orientation: 'vertical'
3      Label:
4          size_hint_y: 3
5          text: '魔方陣パズル'
6      GoToButton:
7          no: 1
8      GoToButton:
9          no: 2
10     GoToButton:
11         no: 3
```

　Title クラスは BoxLayout を継承しており，4 つの子ウィジェット，すなわち Label ウィジェットと 3 つの GoToButton ウィジェットを縦に並べて配置する．またそれぞれの高さの比は 3 : 1 : 1 : 1 となる．Label ウィジェットはアプリの名前「魔方陣パズル」を表示するためのラベルで，GoToButton ウィジェットはプレイ画面に移行するためのボタンである．その no プロパティの値が問題番号となる．

　GoToButton クラスの KV スクリプトをコード 6.7 に示す．このクラスも動的クラスで，Python による記述を持たない．

コード 6.7　GoToButton クラス (魔方陣パズル) の KV スクリプト

```
1  <GoToButton@Button>:
2      no: 0
3      text: '問題'+str(self.no)
4      on_press: app.root.gotoBoard(self.no)
```

　先に述べたとおり，no は問題番号を表すが，初期値として 0 を代入することがポイントである (2 行目)．これによって，no は NumericProperty クラスのプロパティとなるのである．そうすると，コード 6.6 の 7, 9, 11 行目のように no プロパティに新しい値を代入すると，text プロパティもそれに応じて更新される．その結果，ボタン上の文字列が「問題 1」，「問題 2」のように変わるのである．またこのボタンを押すと，no を引数として Root クラスの gotoBoard() メソッドが呼び出される (app.root はルートウィジェットである Root クラスのオブジェクトを指すことに注意)．

　プレイ画面のための Board クラスの KV スクリプトと Python スクリプトを，コード 6.8 とコード 6.9 にそれぞれ示す．

コード 6.8　Board クラス (魔方陣パズル) の KV スクリプト

```
1  <Board>:
```

6.1 魔方陣パズル

```
2        no: 0
3        orientation: 'vertical'
4        Label:
5            text: '問題'+str(root.no)
6        GridLayout:
7            id: board
8            rows: 4
9            cols: 4
10           size_hint_y: 4
11           spacing: 3
12       BoxLayout:
13           orientation: 'horizontal'
14           Button:
15               text: 'もどる'
16               on_press: app.root.gotoTitle()
17           Button:
18               text: 'チェック'
19               on_press: app.root.board.check()
```

コード 6.9 Board クラス (魔方陣パズル) の Python スクリプト

```
1  class Board(BoxLayout):
2      puzzle = ( (16,3,10,5,9,6,15,4,7,12,1,14,2,13,8,11),
3          (6,12,7,9,16,5,10,3,1,4,15,14,11,13,2,8),
4          (16,7,2,9,14,4,11,5,3,13,6,12,1,10,15,8) )
5      mask = ( (0,0,1,1,0,0,1,1,1,1,0,0,1,1,1,0),
6          (1,1,0,0,0,1,1,0,0,0,1,1,1,0,0,1),
7          (0,1,1,0,0,1,0,1,0,0,0,1,1,0,1,0) )
8      def __init__(self, no, **kwargs):
9          super(Board, self).__init__(**kwargs)
10         self.no = no
11         self.W = []
12         for k in range(16):
13             if self.mask[no-1][k] == 0:
14                 c = Factory.NumInput()
15             else:
16                 c = Factory.Const(text=str(self.puzzle[no-1][k]))
17             self.W.append(c)
18             self.ids['board'].add_widget(c)
19     def check(self):
20         view = Factory.CheckView()
21         for k in range(16):
22             if self.mask[self.no-1][k] == 0 and\
23                 self.puzzle[self.no-1][k] != self.W[k].value:
```

```
24            view.is_correct = False
25            break
26      view.open()
```

まず KV スクリプト (コード 6.8) を説明する．Board クラスも no プロパティを持つが，Python スクリプト (コード 6.9) の __init__() メソッドの 10 行目にあるとおり，これには問題番号が代入される．Board クラスは上から Label, GridLayout, BoxLayout の 3 つを子に持つが，GridLayout は 4×4 格子を持つ．この GridLayout レイアウトには board という id が与えられていることに注意せよ (7 行目)．また BoxLayout には 2 つのボタンが配されるが，それぞれタイトル画面に戻るためのボタンと，入力された解の答え合わせをするためのボタンである．答え合わせについては，Board クラスの check() メソッドが呼び出される．

次に Python スクリプト (コード 6.9) について説明する．Board クラスの puzzle リストにはパズルの解答が格納されている．一方，mask リストはマス目に数が与えられている (1) か否 (0) かを示す．両者とも 3 つの子リストを持つ 2 次元リストだが，3 つの子リストはそれぞれ 3 つの問題に対応し，各要素は左上のマス目から順に対応している (たとえば，Board.puzzle[1][6] は問題 2 の 2 行 3 列目に入る数を表す)．数が与えられているマス目には Const ウィジェット，与えられていないマス目には NumInput ウィジェットが表示されるが，これを行うのが 12 行目から 18 行目の for ループである．なお self.ids['board'] (18 行目) は Board クラスの GridLayout を参照することに注意せよ．生成されたウィジェットは GridLayout の子に加えるとともに，W リストにも追加している (17 行目)．この W リストは入力された解の答え合わせをするときに用いる．

Const クラス，NumInput クラスの KV スクリプトをそれぞれコード 6.10 とコード 6.11 に示す．両者とも動的クラスで，Const は Label，NumInput は TextInput をそれぞれ継承する．TextInput の詳細は第 8.2.7 項を参照されたい．NumInput では整数の入力しか受け付けないこと (input_filter プロパティ)，またその桁数が 2 以下となるように限定していること (on_text メソッド) に注意せよ．(コード 6.11 の 8 行目にあるとおり，len(self.text) が桁数を表す．)

コード 6.10　Const クラス (魔方陣パズル) の KV スクリプト

```
1  <Const@Label>:
2      canvas.before:
3          Color:
4              rgb: 0.6,1,1
5          Rectangle:
6              pos: self.pos
7              size: self.size
```

6.1 魔方陣パズル 85

コード 6.11 NumInput クラス (魔方陣パズル) の KV スクリプト

```
1  <NumInput@TextInput>:
2      font_size: 32
3      hint_text: '-'
4      input_filter: 'int'
5      multiline: False
6      padding: self.width/4, (self.height-self.line_height)/2
7      on_text:
8          if len(self.text)>2: self.text = self.text[1:3]
9          if self.text=='': self.value = 0
10         else: self.value = int(self.text)
```

再び Board クラスの Python スクリプト (コード 6.9) に話を戻す．check() メソッド (19 行目) は入力された解の答え合わせを行うためのものだが，最初に CheckView インスタンスを生成する．CheckView クラスは動的クラスである．その KV スクリプトをコード 6.12 に示す．このクラスはモーダルビューを実現する ModalView クラスのサブクラスである．ModalView の詳細は第 8.3.4 項を参照されたい．ここでは重要な点のみ説明する．

- is_correct プロパティ (4 行目) は，入力された解が正しい (True) か否 (False) かを示すユーザー定義のプロパティである．初期値として True が与えられているため，BooleanProperty クラスのプロパティとなる．実際に解が正しいか否かは，Board クラスの check() メソッドの中で計算される (コード 6.9 の 21 行目から 25 行目)．

- ModalView クラスは，AnchorLayout クラス (第 8.4.4 項) を継承しているため，レイアウトとみなすことができる．この ModalView を継承する CheckView クラスは BoxLayout ウィジェットを子として持つが (6 行目)，この BoxLayout の子である Label (15 行目) の文字列と Button (18 行目) の on_press() メソッドの振る舞いは，is_correct が True か False か，つまり解が正しいか否かによって変わる．

- ModalView クラスの open() メソッドはモーダルビューを表示するためのもので (コード 6.9 の 26 行目)，dismiss() メソッドは表示を消すためのものである (コード 6.12 の 21 行目)．

コード 6.12 CheckView クラス (魔方陣パズル) の KV スクリプト

```
1  <CheckView@ModalView>:
2      auto_dismiss: False
3      background_color: 0,0,0,0.5
4      is_correct: True
5      size_hint: 0.5,0.5
```

```
 6  BoxLayout:
 7      canvas.before:
 8          Color:
 9              rgb: 1,1,0.9
10          Rectangle:
11              pos: self.pos
12              size: self.size
13      orientation: 'vertical'
14      padding: self.width/10
15      Label:
16          size_hint_y: 4
17          text: '正解 :-)' if root.is_correct else '不正解 :-('
18      Button:
19          text: 'OK'
20          on_press:
21              root.dismiss()
22              if root.is_correct: app.root.gotoTitle()
```

6.2 マッチメイカー

マッチメイカーアプリのプログラムの構造を第 6.2.1 項, その詳細を第 6.2.2 項で説明する. スクリーンショットは図 1.3 を参照されたい.

6.2.1 プログラムの構造

プログラムの main.py の概略をコード 6.13 に示す. 3 つのクラス Vertex, Edge, DrawField はそれぞれ頂点, 辺, グラフ描画のためのフィールドに関するクラスだが, その詳細は, それぞれ示された番号のコードで説明する.

コード 6.13 マッチメイカーの main.py の概略

```
 1  # -*- coding: utf-8 -*-
 2  from kivy.app import App
 3  from kivy.graphics import Color,Line
 4  from kivy.uix.widget import Widget
 5  from kivy.properties import BooleanProperty
 6  class Vertex(Widget): #頂点 (コード 6.16)
 7      # ...
 8  class Edge(Widget): #辺 (コード 6.15)
 9      # ...
10  class DrawField(Widget): #グラフ描画のためのフィールド (コード 6.17)
11      # ...
12  class MatchMakerApp(App):
```

```
13      title = 'マッチメイカー'
14  MatchMakerApp().run()
```

アプリクラスの名前は MatchMakerApp なので，KV ファイルのデフォルト名は matchmaker.kv である．その matchmaker.kv のソースコードをコード 6.14 に示す．この matchmaker.kv にはウィジェットルールが定められているが (2 行目)，これにより，このプログラムのルートウィジェットは Root クラスのウィジェットとなる．

Root クラスは動的クラスで，BoxLayout クラスを継承し，ウィンドウの左側にグラフ描画のための DrawField ウィジェット，右側にボタン群を配置する．5 つのボタンのうち 3 つはトグルボタンである．

トグルボタンは ToggleButton クラス (第 8.2.4 項) のオブジェクトで，「押されていない」か「押されている」か，2 つの状態を取り得る．状態は state プロパティによって参照および指定することができ，「押されていない」ときの state プロパティの値は 'normal'，「押されている」ときは 'down' となる．ただし同じグループ (group プロパティで指定) に属するボタンのうち，高々 1 つしか 'down' にならない．したがって，あるボタンの状態が 'down' になると，それまで 'down' だった他のボタンの状態は 'normal' となる．

3 つあるトグルボタンは同じグループ 'draw' に属するため (46 行目)，このうち高々 1 つにおいてしか，state プロパティの値は 'down' にならない．また mode プロパティはボタンの役割を示す文字列だが (13, 16, 19 行目)，ボタンが押されると，ルートウィジェットの mode プロパティの値が，押されたボタンの mode プロパティの値となる (47 行目)．ルートウィジェットの mode プロパティの値によって，どのトグルボタンが押されているかを把握することができる．

DrawField (26 行目), Vertex (33 行目), Button (42 行目) に関するクラスルールは，背景色やフォントなど，ほぼデザインに関するものである．また ToggleButton (45 行目) は Button のサブクラスなので，Button のクラスルールで定めた font_size と font_name は ToggleButton においても有効となる．

コード 6.14 マッチメイカーの matchmaker.kv

```
1  # -*- coding: utf-8 -*-
2  Root:
3  <Root@BoxLayout>: #ルートウィジェット
4      orientation: 'horizontal'
5      mode: ''
6      DrawField:
7          id: drawfield
8          size_hint_x: 4
9      BoxLayout:
```

```
10        orientation: 'vertical'
11        ToggleButton:
12            text: '頂点'
13            mode: 'vertex'
14        ToggleButton:
15            text: '辺'
16            mode: 'edge'
17        ToggleButton:
18            text: '削除'
19            mode: 'erase'
20        Button:
21            text: 'クリア'
22            on_press: drawfield.clear()
23        Button:
24            text: 'マッチング'
25            on_press: drawfield.match()
26 <DrawField>: #グラフ描画のためのフィールド
27     canvas.before:
28         Color:
29             rgb: 1,1,1
30         Rectangle:
31             pos: self.pos
32             size: self.size
33 <Vertex>: #頂点
34     rad: 25
35     size: self.rad*2, self.rad*2
36     canvas:
37         Color:
38             rgba: 0,0,1,0.75
39         Ellipse:
40             pos: self.pos
41             size: self.size
42 <Button>:
43     font_size: 20
44     font_name: 'VL-Gothic-Regular.ttf'
45 <ToggleButton>:
46     group: 'draw'
47     on_press: app.root.mode = self.mode
```

6.2.2 コードの詳細と解説

a. 実現すべき機能

グラフの頂点 (Vertex ウィジェット) および辺 (Edge ウィジェット) は, すべてウィ

ンドウ左のフィールドで描けるようにする．したがって頂点や辺はすべて，ルートウィジェットの子である，DrawField ウィジェットの子となるようにする．

どのトグルボタンが押されているかによって，次のような機能を実現する．

「頂点」ボタン (ルートウィジェットの mode プロパティの値は 'vertex'):
- フィールドをタッチしたとき，タッチした位置に他の頂点が無ければ，新しい頂点を生成する．
- 描画済みの頂点をタッチしたまま適当な方向になぞると，それに応じてその頂点も動く．また，その頂点に接続しているすべての辺も動く．

「辺」ボタン (ルートウィジェットの mode プロパティの値は 'edge'):
- 描画済みの頂点をタッチし，そのまま適当な方向になぞると，その軌跡を追うようなフリーハンドの曲線が描かれる．
- なぞりが別の頂点で終了すると，フリーハンドの曲線は消え，開始点と終了点を端点に持つ線分が描画される．

「削除」ボタン (ルートウィジェットの mode プロパティの値は 'erase'): 描画済みの頂点もしくは辺をタッチすると，その頂点もしくは辺がフィールドから消える．

また，「クリア」ボタンをタッチするとフィールドをクリアし，「マッチング」ボタンをタッチすると最大マッチングを計算し，その結果をグラフに反映するようにする．

DrawField ウィジェット上のタッチを取り扱うため，ほとんどの機能は DrawField クラスのメソッドとして実装する．例外として，頂点と辺のデザインの微調整に関する機能は Vertex クラスと Edge クラスのメソッドとしてそれぞれ実装する．

b. Edge クラス

Edge ウィジェットのキャンバスには，端点である 2 つの頂点の中心を結ぶ線分が描かれる．このクラスの Python スクリプトをコード 6.15 に示す．ポイントを以下に述べる．

- 2 行目から 9 行目はクラス属性の宣言である．属性の概要を表 6.1 に示す．

表 6.1 Edge クラスの属性の概要

名前	型	概要
match	BooleanProperty	マッチング辺である (True) か否 (False) か
col_default	リスト	非マッチング辺の色 (RGBA モデル)
col_match	リスト	マッチング辺の色 (RGBA モデル)
col	リスト	現在の描画色
end	リスト	端点のリスト
wid_default	数値	非マッチング辺の幅
wid_match	数値	マッチング辺の幅
wid	数値	現在の幅

- __init__() メソッド (10 行目) では，引数として与えられた 2 つの Vertex ウィジェット v と w を，辺 self の端点とする (12 行目)．また，後述する update() メソッドによって，辺 self の描画を更新する (13 行目)．
- on_match() メソッド (14 行目) は match プロパティの値が変更されたときに呼び出され，match プロパティの値に応じて，辺 self の色と幅を変更し，update() メソッドによって描画を更新する (21 行目)．
- update() メソッド (22 行目) は辺 self の描画を更新するためのものである．辺 self のキャンバスをクリアした後 (23 行目)，その位置 (x, y) とサイズ (width, height) を再計算し，端点の中心を結ぶような線分を描画する．

コード 6.15　Edge クラス (マッチメイカー) の Python スクリプト

```
class Edge(Widget):
    match = BooleanProperty(False)
    col_default = [0,0,1,0.5]
    col_match = [1,0,0,0.5]
    col = col_default
    end = []
    wid_default = 3
    wid_match = 6
    wid = wid_default
    def __init__(self, v, w, **kwargs):
        super(Edge, self).__init__(**kwargs)
        self.end = [v,w]
        self.update()
    def on_match(self, *args):
        if self.match:
            self.col = Edge.col_match
            self.wid = Edge.wid_match
        else:
            self.col = Edge.col_default
            self.wid = Edge.wid_default
        self.update()
    def update(self):
        self.canvas.clear()
        [v,w] = self.end
        self.x = min(v.x, w.x)
        self.y = min(v.y, w.y)
        self.width = max(v.x, w.x)-self.x
        self.height = max(v.y, w.y)-self.y
        with self.canvas:
            Color(rgba=self.col)
            Line(points=(v.center_x, v.center_y,\
```

```
32                    w.center_x, w.center_y), width=self.wid)
```

c. Vertex クラス

Vertex クラスの Python スクリプトをコード 6.16 に示す. Vertex ウィジェットのキャンバスには, KV スクリプトのクラスルール (コード 6.14, 33 行目) によって青い円が描画される. on_center() メソッドは, 頂点 self の中心位置が変わったときに, それを端点とする辺を再描画するものである. ポイントを以下に述べる.

- 頂点 self の親となりうるのは, 後述する DrawField ウィジェットである.
- 3 行目の if 文は, self が生成された直後 (このときウィジェットツリーに属していない) に, 5 行目以降の処理をさせないためのものである.
- 5 行目から 7 行目の for 文では, 描画された辺 (親である DrawField ウィジェットの E リストに入っている) のうち, 端点として self を持つようなものの描画を更新している.

コード 6.16 Vertex クラス (マッチメイカー) の Python スクリプト

```
1  class Vertex(Widget):
2      def on_center(self, *args):
3          if self.parent == None:
4              return
5          for e in self.parent.E:
6              if self in e.end:
7                  e.update()
```

d. DrawField クラス

DrawField はグラフ描画のためのフィールドに関するクラスである. このクラスのソースコードをコード 6.17 に示す. このクラスの属性の概要を表 6.2, メソッドの概要を表 6.3 にそれぞれ示す. このうち最初の 5 つのメソッド (clear(), get_touched_widget(), get_touched_vertex(), get_touched_edge(), get_edge()) については, 表 6.3 に示した役割から, コードの意図も容易に汲み取れるであろう.

コード 6.17 DrawField クラス (マッチメイカー) の Python スクリプト

```
1  class DrawField(Widget):
2      V = []
3      E = []
4      focus = None
5      free = None
6      col_free = [0,0,1,0.25]
7      wid_free = 2
8      def clear(self):
9          self.clear_widgets()
```

```
10        self.free = None
11        self.V = []
12        self.E = []
13    def get_touched_widget(self, touch, array):
14        for widget in array:
15            if widget.collide_point(*touch.pos):
16                return widget
17        return None
18    def get_touched_vertex(self, touch):
19        return self.get_touched_widget(touch, self.V)
20    def get_touched_edge(self, touch):
21        return self.get_touched_widget(touch, self.E)
22    def get_edge(self, v, w):
23        for e in self.E:
24            if v in e.end and w in e.end:
25                return e
26        return None
27    def on_touch_down(self, touch):
28        v = self.get_touched_vertex(touch)
29        if self.parent.mode == 'vertex':
30            if v is None:
31                v = Vertex(center=touch.pos)
32                self.V.insert(0, v)
33                self.add_widget(v)
34            self.focus = v
35            self.parent.mode = 'move'
36        elif self.parent.mode == 'edge':
37            if v is None:
38                return
39            with self.canvas.after:
40                Color(rgba=self.col_free)
41                self.free = Line(points=(touch.x, touch.y),\
42                                 width=self.wid_free)
43            self.focus = v
44            self.parent.mode = 'free'
45        elif self.parent.mode == 'erase':
46            if v is not None:
47                self.V.remove(v)
48                self.remove_widget(v)
49                delE = [e for e in self.E if v in e.end]
50                for e in delE:
51                    self.E.remove(e)
52                    self.remove_widget(e)
```

```
53              return
54          e = self.get_touched_edge(touch)
55          if e is not None:
56              self.E.remove(e)
57              self.remove_widget(e)
58      def on_touch_move(self, touch):
59          if self.parent.mode == 'move':
60              self.focus.center = touch.pos
61          elif self.parent.mode == 'free':
62              self.free.points += [touch.x, touch.y]
63      def on_touch_up(self, touch):
64          if self.parent.mode == 'move':
65              self.focus = None
66              self.parent.mode = 'vertex'
67          elif self.parent.mode == 'free':
68              self.canvas.after.clear()
69              v = self.focus
70              w = self.get_touched_vertex(touch)
71              self.focus = None
72              if v is None or w is None or v == w or\
73                  self.get_edge(v,w) is not None:
74                  return
75              e = Edge(v,w)
76              self.E.insert(0,e)
77              self.add_widget(e)
78              self.parent.mode = 'edge'
79      def match(self):
80          import networkx as nx
81          G = nx.Graph()
82          G.add_nodes_from(self.V)
83          for e in self.E:
84              e.match = False
85              [v, w] = e.end
86              G.add_edge(v, w)
87          M = nx.max_weight_matching(G, maxcardinality=True)
88          if isinstance(M, dict): # networkx 1.x
89              for v in M.keys():
90                  w = M[v]
91                  e = self.get_edge(v,w)
92                  if e is not None:
93                      e.match = True
94          elif isinstance(M, set): # networkx 2.x
95              for (v,w) in M:
```

```
 96            e = self.get_edge(v,w)
 97            if e is not None:
 98                e.match = True
 99        else:
100            print('warning: neither dict nor set is returned.')
101            exit(1)
```

表 6.2 DrawField クラスの属性の概要

名前	型	概要
V	リスト	描画された頂点 (Vertex ウィジェット) のリスト
E	リスト	描画された辺 (Edge ウィジェット) のリスト
focus	Vertex ウィジェット	なぞりを開始した位置にある頂点
free	Line オブジェクト	描画中の辺 (フリーハンド)
col_free	リスト	描画中の辺の色 (RGB モデル)
wid_free	数値	描画中の辺の幅

表 6.3 DrawField クラスのメソッドの概要

名前	コード 6.17 における行番号	概要
clear()	8	グラフをクリアする
get_touched_widget()	13	タッチされたウィジェットを返す
get_touched_vertex()	18	タッチされた頂点を返す
get_touched_edge()	20	タッチされた辺を返す
get_edge()	22	引数として与えられた 2 頂点を端点に持つ辺を返す
on_touch_down()	27	タッチイベントの開始 (第 3.3 節)
on_touch_move()	58	タッチイベントの更新 (第 3.3 節)
on_touch_up()	63	タッチイベントの終了 (第 3.3 節)
match()	79	最大マッチングを求め, 結果をグラフに反映させる

(i) on_touch_down() メソッド (27 行目). これは新しいタッチイベントが検知されたときに呼び出されるメソッドだが, ルートウィジェットの mode プロパティの値, すなわちどのトグルボタンが押されているかによって処理が分岐する. ルートウィジェットの mode プロパティは, DrawField ウィジェットである self から見ると, self.parent.mode によって参照できる.

このメソッドでは, 最初にタッチされた頂点を取得し, v に代入する (28 行目). 以下, ポイントを述べる.

mode プロパティの値が 'vertex' の場合 (29〜35 行目): これは「頂点」ボタンが押されている場合である. まず, もし変数 v の値が None ならば (30 行目), すなわちタッチされた位置に頂点が存在しないならば, 新しい頂点を生

成し, v に代入する (31 行目). この v をリスト V に挿入し (32 行目), またフィールドの子ウィジェットとする (33 行目). そして v を (もしタッチされた位置に頂点が存在する場合は, その頂点が v である) focus 属性に代入する (34 行目). この focus 属性はなぞりの開始点を保持するためのものである. またルートウィジェットの mode プロパティの値を 'move' とする (35 行目). mode プロパティの値 'move' は, 頂点をなぞっていることを表し, 後述する on_touch_move() メソッドにおいて用いる.

- **mode プロパティの値が 'edge' の場合 (36〜44 行目):** これは「辺」ボタンが押されている場合である. 変数 v の値が None ならば (37 行目), すなわちタッチされた位置に頂点が存在しないならば, このメソッドは何もしない. 辺を描画するには, 端点となる頂点からなぞり始めなければならないのである. 一方, v の値が None でなければ, つまり頂点が存在するならば, キャンバス canvas.after 上に Line オブジェクトを生成し, タッチ位置に点を打ち, その Line オブジェクトを free 属性に代入する (41 行目). この Line オブジェクトは, フリーハンド曲線を描画するために用いられる. またなぞりの開始点を保持する focus 属性に v を代入し (43 行目), ルートウィジェットの mode プロパティの値を 'free' とする (44 行目). mode プロパティの値 'free' は, 辺を描画中であることを表し, 後述する on_touch_move() メソッドにおいて用いる.

- **mode プロパティの値が 'erase' の場合 (45〜57 行目):** これは「削除」ボタンが押されている場合である. もし変数 v に None ではなく, 何らかの頂点が代入されているならば (46 行目), その頂点と, それに接続するすべての辺を削除する. また, もしタッチされた位置に辺が存在するならば (54, 55 行目), その辺を削除する.

(ii) **on_touch_move() メソッド (58 行目).** このメソッドはタッチイベントが更新されるときに呼び出されるが, ルートウィジェットの mode プロパティの値によって処理が分岐する.

- **mode プロパティの値が 'move' の場合 (59, 60 行目):** これは当該タッチイベントが,「頂点」ボタンが押された状態で開始した場合である. self.focus には新しく生成された頂点か, タッチされた既存の頂点が入っている (34 行目). このときは focus に入っている頂点の中心の位置を, タッチの位置に変更する. その結果, このイベントにバインドされている Vertex クラスの on_center() メソッド (コード 6.16) が呼び出され, focus に接続する辺も再描画される.

- **mode プロパティの値が 'free' の場合 (61, 62 行目):** これは当該タッチイベ

ントが,「辺」ボタンが押された状態で開始した場合である. self.free に
は canvas.after 上に描かれる Line オブジェクトが入っているが (41, 42
行目), その points リストにタッチの位置を追加する. その結果, スクリー
ンをタッチしたままなぞると, その軌跡を追うような曲線が描画される.

(iii) on_touch_up() メソッド (63 行目). このメソッドはタッチイベント
が終了するときに呼び出されるが, やはりルートウィジェットの mode プロパティの
値によって処理が分岐する.

    mode プロパティの値が 'move' の場合 (64〜66 行目): これは当該タッチイ
ベントが,「頂点」ボタンが押された状態で開始した場合である. タッチイベ
ントが終了したので, focus を None とし, mode プロパティの値を 'vertex'
に戻す.

    mode プロパティの値が 'free' の場合 (67〜78 行目): これは当該タッチイベ
ントが,「辺」ボタンが押された状態で開始した場合である. この場合は, まず
キャンバス canvas.after をクリアし, フリーハンド曲線を消す (68 行目).
その上でタッチイベントの開始点を v (69 行目), 現在タッチしている頂点を
w とする (70 行目). 頂点 v と w がともに存在し (つまりいずれも None で
はない), 相異なり, かつ両者を結ぶ辺が存在しない場合は, v と w を結ぶ辺
を新しく生成する. この条件が成り立つか否かは, 72, 73 行目の if 文によっ
て判定される. 最後に mode プロパティの値を 'edge' に戻す (78 行目).

(iv) match() メソッド (79 行目). 最大マッチングの計算には NetworkX
モジュールを用いるため, これをインポートする (80 行目). NetworkX のインストー
ルや使用法の詳細は, 公式サイト [2] や文献 [3] などを参照されたい. コードの概略を
述べると, 81 行目でグラフオブジェクト G を生成し, 82 行目で G に頂点を登録し, 83
〜86 行目で G に辺を登録している. 87 行目で最大マッチングを計算し, 88 行目以降で
その結果を取得し, マッチング辺の match プロパティの値を True にしている. match
プロパティの値が変わると, Edge クラスの on_match() メソッド (コード 6.15) が呼
び出され, マッチング辺は赤く太い線で描画され, 非マッチング辺は青く細い線で描画
される [4].

---

[2] https://networkx.github.io
[3] 久保幹雄, 小林和博, 斉藤努, 並木誠, 橋本英樹: Python 言語によるビジネスアナリティクス.
近代科学社, 2016.
[4] 最大マッチングを返す max_weight_matching() は, NetworkX のバージョンが 2.1 以降だと
set を返すが, それ以前だと dict を返す.

6.3 演習問題

魔方陣パズル

演習 **6.1** 以下のパズルを, 問題 4 として追加せよ. ただし正解は自分で導くこと.

8			11
13	3		
1			14

演習 **6.2** 時間計測の機能を持たせ, 回答開始から経過した時間がわかるようにプログラムを修正せよ.

演習 **6.3** このプログラムにはタイトル画面とプレイ画面の 2 つがあるが, ScreenManager クラス (第 8.5 節) を用いて, 両者を行き来できるようにプログラムを修正せよ.

マッチメイカー

演習 **6.4** 頂点の色を変更できるようなボタンを追加せよ.

演習 **6.5** クリアボタンをタッチすると, 本当にグラフをクリアしてよいかどうかを確認するためのモーダルビューを出力するようにプログラムを修正せよ. 魔方陣パズルと同様, モーダルビューには ModalView クラス (第 8.3.4 項) を用いるとよい.

演習 **6.6** NetworkX の他の機能を用いて, たとえば最小カットなど, グラフの構造に関する様々な計算ができるようにプログラムを修正せよ.

7 次のステップに向けて

前章では, 本書の目標としてきた魔方陣パズルとマッチメイカーを作成した. ここまで読み進めてきた読者であれば, Kivy プログラミングの基本の大部分を理解し, PC 上で動作する簡単なアプリを, 自由自在に作れるようになっていることであろう.

本章では, 次のステップに向けた話題を取り上げる. 第 7.1 節では App クラスとその周辺 (特にパラメータ設定とその読み書き) について述べる. 第 7.2 節では, 環境変数の設定や Kivy モジュール (kivy.modules) のロードなど, 主にプログラムを起動する前に行うことのできる機能を紹介する. 第 7.3 節では, ウィジェット以外のクラスのうち, 特に重要と考えられるもの (サウンドやアニメーションなど) を紹介する. ウィジェットのリファレンスは次章を参照されたい. 第 7.4 節では, アプリのビルドやアドオン集など, Kivy の関連プロジェクトをいくつか紹介する.

7.1 App クラス

第 2.2.1 項で述べたように, 一般の Kivy プログラムでは, App クラス (kivy.app) のサブクラスを定義し, 必要があればその build() メソッドを, ルートウィジェットを返すようにオーバーライドする. そして run() メソッドを実行することで, メインループが開始する.

この流れをもう少し詳しく見てみよう. Kivy プログラムにおいて, 主要なメソッドがどのように実行されるかを表した流れ図を図 7.1 に示す. 最初に run() メソッドが実行されると,

$$\text{load\_config(), load\_kv(), build()}$$

の 3 つのメソッドが, この順序で実行される (最初の 2 つはこの図には記載されていない).

1 つ目の load_config() メソッドは, プログラムに関するパラメータ設定を ini ファイルから読み込むためのものである. ini ファイルとは, キー (パラメータ) と設定値の

7.1 App クラス   99

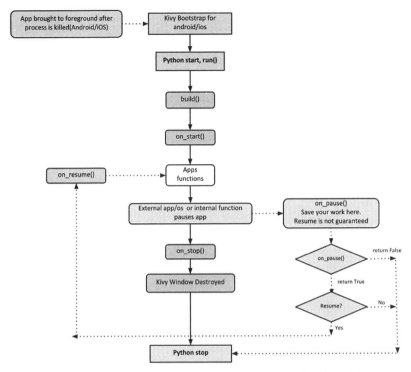

図 7.1 Kivy プログラムの実行において，主要なメソッドがどのような手順で実行されるかを表す流れ図 (公式サイト https://kivy.org/docs/guide/basic.html より転載)

対を羅列したテキストファイルである．ini ファイルとのやり取りは ConfigParser クラス (kivy.config.ConfigParser) を用いて行う．詳細は第 7.1.1 項で述べる．なお，当該プログラムのみならず，Kivy の実行全般に関するパラメータについても，ini ファイルと ConfigParser を用いて設定することができる．これについては第 7.1.2 項で述べる．さらに，これら諸々のパラメータ設定を GUI 上でユーザに行わせることもできる．このとき Settings クラス (kivy.uix.settings) を用いるが，詳細は第 7.1.3 項で述べる．

2 つ目の load_kv() メソッドは，(デフォルト名の) KV ファイルを読み込むためのものである．3 つ目の build() メソッドの前に実行されるので，build() メソッドでは，KV ファイルによって生成されたウィジェットツリー (self.root で参照可能) に対して操作を加えることができる．

build() メソッドが実行されるとメインループが走り始めるが，表 7.1 に示すイベ

表 7.1 App クラスの主な on メソッド

名前	いつ呼び出されるのか
on_config_change(*config, section, key, value*)	セッティング GUI (第 7.1.3 項) で設定値が変更されたとき
on_start()	メインループが開始する直前
on_stop()	プログラムが終了するとき
on_pause()	割込によってポーズモードに移行しようとするとき
on_resume()	ポーズモードから復帰するとき

ントが発生すると,適宜そのイベントにバインドされた on メソッドが呼び出される.このうち注意が必要なのは on_pause() と on_resume() である.スマートフォンやタブレットでは,ユーザーは使用するアプリをしばしば切り替える.このような割込が発生すると,それまで使用していた Kivy アプリはポーズモードに移行しようとするが,このとき呼び出されるのが on_pause() である.一方,ポーズモードに移行した後,アプリに再び復帰するときに呼び出されるのが on_resume() である.

実際にポーズモードに移行するか否かは,on_pause() が返すブール値によって決定される.

- on_pause() が True を返せば,アプリはポーズモードに移行し,スリープする.
- on_pause() が False を返せば,アプリはそのまま終了する (その結果 on_stop() が呼び出される).

デフォルトでは,on_pause() は True を返すだけのメソッドである [*1)]. したがってポーズモードを使用しない場合は,on_pause() が False を返すようにオーバーライドする必要がある.

```
class MyApp(App):
    def on_pause(self):
        return False
```

App クラスの主なプロパティを表 7.2 に,主なメソッドを表 7.3 に示す.メソッドの多くはパラメータ設定に関するものだが,これらについては第 7.1.1 項以降で説明する.

よく用いられるプロパティとして,アイコン画像を定めるための icon プロパティ,タイトルを定めるための title プロパティが挙げられる.

```
class MyApp(App):
    icon = 'myicon.png'
    title = 'My 1st app'
```

[*1)] Kivy 1.10.0 より前のバージョンでは,on_pause() は False を返すのがデフォルトであるため,注意を要する.

7.1 App クラス

表 7.2 App クラスの主なプロパティ

名前 (クラス)	初期値	概要
config (ConfigParser)	None	アプリに関する ConfigParser オブジェクト (第 7.1.1 項)
directory (⟨デコレータ⟩)	'.'	アプリが入っているディレクトリ,読込み専用
icon (StringProperty)	None	アイコン画像のファイル
kv_directory (StringProperty)	None	最初に読み込まれる KV ファイルが入っているディレクトリ
kv_file (StringProperty)	None	最初に読み込まれる KV ファイル (None ならばデフォルト名が使用される)
name (⟨デコレータ⟩)	–	アプリのデフォルト名 (第 4.2 節),読込み専用
root (⟨変数⟩)	None	ルートウィジェット
root_window (⟨デコレータ⟩)	–	ウィンドウオブジェクト,読込み専用
settings_cls (ObjectProperty)	SettingsWithSpinner	セッティング GUI (第 7.1.3 項) のデザインに関するクラス
title (StringProperty)	None	アプリのタイトル
use_kivy_settings (⟨変数⟩)	True	Kivy の実行環境に関するセッティング GUI (第 7.1.3 項) を許可するか否か

また root プロパティはルートウィジェットを参照するものだが,以下のように get_running_app() メソッドと同時に使用することで,Python スクリプト内のどの場所からでもルートウィジェットを参照することができる.

```
root_widget = App.get_running_app().root
```

7.1.1 プログラムに関するパラメータ設定

パラメータ設定には ConfigParser クラス (kivy.config.ConfigParser) と ini ファイルを用いる.ConfigParser クラスは Python 標準の configparser クラスを継承しているため,基本的には configparser の機能を使うことができる.この configparser は ini ファイルによって表現されるようなデータを取扱い,ファイルの読み書きを可能にするクラスである.

a. ini ファイル

ini ファイルの書式は次のようなものである.

```
[section1]
key1 = ABC
```

表 7.3 App クラスの主なメソッド

名前と引数	返り値	概要
build()	None もしくはウィジェット	ルートウィジェットを生成
build_config(config)	–	ini ファイルからパラメータ設定を読み込むために使用 (第 7.1.1 項参照)
build_settings(settings)	–	セッティング GUI (第 7.1.3 項) を構築
close_settings(*args)	ブール値	セッティング GUI (第 7.1.3 項) を閉じる. 無事閉じられた場合, True を返す
get_application_config()	文字列	パラメータ設定用の ini ファイルの名前を返す
get_application_icon()	文字列	アイコンファイルの名前を返す
get_application_name()	文字列	プログラムの名前 <APP_NAME> を返す
get_running_app()	アプリオブジェクト	実行中のアプリオブジェクトを返す
load_config()	ConfigParser オブジェクト	パラメータ設定を読み込む
load_kv(filename=None)	None もしくはウィジェット	KV ファイルを読み込む
open_settings(*args)	ブール値	セッティング GUI (第 7.1.3 項) を開く. 無事開かれた場合, True を返す
run()	–	メインループを開始
stop(*args)	–	メインループを停止

```
key2 = 1000

[section2]
key1 = 10
key3 = XYZ
```

すなわち, 大括弧 [·] で示されるセクションごとに, キー (パラメータ) とその設定値の対を羅列するのである. 上記の ini ファイルには section1, section2 の 2 つのセクションがあり, 前者は key1 と key2, 後者は key1 と key3 という 2 つのキーをそれぞれ持つ. 異なるセクションには同じ名前のキーが存在しても構わない. section1 セクションの key1 には ABC, key2 には 1000, section2 セクションの key1 には 10, key3 には XYZ が, それぞれ設定されている.

取り扱われる ini ファイルの名前は, App クラスの get_application_config() メソッド (表 7.3) の返り値である. デフォルトでは以下の名前が返される.

Android: /sdcard/.<APP_NAME>.ini

iOS: <APP_DIR>/Documents/.<APP_NAME>.ini

その他の OS: <APP_DIR>/<APP_NAME>.ini

したがって, Windows などのデスクトップ OS では, アプリクラス名が MyApp の場合, デフォルト名は my.ini となる. デフォルトと異なる名前のファイルを用いる場合, このメソッドをオーバーライドし, その名前を返すようにすればよい.

```
class MyApp(App):
    def get_application_config(self):
        return 'dir/yours.ini'
```

b. ini ファイルの読込み

ini ファイルからパラメータ設定を読み込むには, アプリクラスの build_config() メソッドを適切にオーバーライドする必要がある. この build_config() メソッドは, load_config() メソッドの中で呼び出されるものである (第 7.1 節参照).

build_config() メソッドは ConfigParser オブジェクトを引数に持つ (conf とする). ini ファイルからパラメータ設定を読み込むには, この conf に少なくとも 1 つのセクションを追加するようにオーバーライドしなければならない.

たとえば, adddefaultsection() メソッドなどを用いて conf にセクションを追加する.

```
class MyApp(App):
    def build_config(self, conf):
        conf.adddefaultsection('my_section')
```

上記のコードでは, conf 上に my_section セクションが追加される. もし conf 上にこのセクションが既に存在する場合は, 何も起こらない.

あるいは, setdefaults() メソッドを用いて, セクションと, そこに含まれるキーと値の対を指定することもできる.

```
    def build_config(self, conf):
        conf.setdefaults('section1', {
            'key1': 'ABC',
            'key2': 1000
        })
```

第 1 引数はセクション名, 第 2 引数はキーと値の対を持つ辞書である. このメソッドは, セクションにキーが存在しない場合, 指定されたキーと値の対を追加する. 一方, 元々キーが存在する場合は何も起こらない. したがってこのメソッドが上書きをすることはない. なお, セクションが存在しない場合にも有効である (この場合は, 新しくセクションを追加した上で, キーと値の対を追加する).

build_config() 終了後, もし上記の名前を持つ ini ファイルが存在しない場合, build_config() で定められた設定が新しい ini ファイルに書き込まれる. 次回以降の起動では, (削除しない限り) この ini ファイルの設定が読み込まれる. このとき, build_config() と ini ファイルでは, 後者の設定が優先される. つまり, 同一セクションに同一のキーがある場合, ini ファイルで定められた値が優先されるのである.

c. **ConfigParser オブジェクトの編集**

`load_config()` を通じて生成された `ConfigParser` オブジェクトは，アプリオブジェクトの config プロパティに渡される．このプロパティを用いれば，プログラムの任意の時点で設定値を取得したり，修正することが可能である．

config プロパティは，アプリクラスの中であれば

```
self.config
```

で参照できるが，アプリクラスの外では以下のように参照することができる．

```
app = App.get_running_app()
conf = app.config
```

設定値の取得は，`configparser` クラスの `get()` メソッドを用いるとよい．

```
value = conf.get('section1', 'key2')
```

第 1 引数はセクション名，第 2 引数はキーである．このほか，`ConfigParser` で定義された `getdefault()` などを使うこともできる．

```
value = conf.getdefault('section1', 'key2', 0)
```

最初の 2 つの引数は `get()` と同じだが，第 3 引数は指定されたセクションないしはキーが存在しない場合の代替値である．

新しいキーを定め，値を与えるには，前項で取り上げた `setdefaults()` メソッドを用いるとよい．また，既存のキーの値を修正するには `set()` メソッドを用いるとよい (`setdefaults()` は上書きができないため，この用途には向いていない)．

```
conf.set('section1', 'key3', 'newvalue')
```

第 1 引数はセクション名，第 2 引数はキー，第 3 引数は渡す値である．

d. **ini ファイルへの書込み**

`setdefaults()` や `set()` などで与えたパラメータ設定を ini ファイルに書き込むには，`write()` メソッドを用いる．

```
app = App.get_running_app()
app.config.write()
```

`write()` は，書込みが正常に終了した場合には `True` を返し，そうでない場合には `False` を返す．

7.1.2 Kivy 全般に関するパラメータ設定

単一のプログラムではなく，Kivy 全般に関するパラメータを設定することもできる．この設定は，同一端末で実行される Kivy プログラムすべてに適用されることに

表 7.4 モジュール変数 Config で利用可能なセクションとキー

セクションとキー	概要
kivy セクション	
desktop	デスクトップ固有の機能を有効にするか否か
exit_on_escape	ESC キーで終了できるようにするか否か
pause_on_minimize	ウィンドウが最小化したときにポーズモードに移行するか否か
keyboard_layout	キーボードのレイアウト
keyboard_mode	キーボードの形態
kivy_clock	時計の種類
default_font	デフォルトのフォント
log_dir	ログのパス
log_enable	ログを取るか否か
log_level	ログレベル ('trace', 'debug', 'info', 'warning', 'error', 'critical' の順で出力が少なくなる)
log_name	ログファイルの名前
log_maxfiles	ログファイルの最大数
window_icon	ウィンドウアイコンのパス
postproc セクション	
double_tap_distance	ダブルタッチと判定される，タッチ間の距離の最大値
double_tap_time	ダブルタッチと判定される，タッチ間の時間の最大値
ignore	タッチを無視する領域
jitter_distance	ジッター (揺らぎ，乱れ) と判定される，タッチ間の距離の最大値
jitter_ignore_devices	ジッターを無視するデバイス
retain_distance	touch_move (第 3.3 節) として保持する，タッチ間の距離の最大値
retain_time	touch_move として保持する，タッチ間の時間の最大値
triple_tap_distance	トリプルタッチと判定される，タッチ間の距離の最大値
triple_tap_time	トリプルタッチと判定される，タッチ間の時間の最大値
graphics セクション	
borderless	ウィンドウの境界を取り除くか否か
window_state	ウィンドウの状態 ('maximized' や 'minimized' など)
fbo	使用する FBO (Frame Buffer Object) バックエンド
fullscreen	フルスクリーンか否か
height	ウィンドウの高さ
left	ウィンドウの左側の位置
maxfps	FPS (Frames Per Second) の最大値
multisamples	MSAA (MultiSample Anti-Aliasing) レベル
position	ディスプレイにおけるウィンドウの位置
show_cursor	カーソルを表示するか否か
top	ウィンドウの上側の位置
resizable	ウィンドウのサイズが変更可能か否か
rotation	ウィンドウの回転角 (0, 90, 180, 270 のみ)
width	ウィンドウの幅
minimum_width	ウィンドウの最小幅 (SDL2 のみ)
minimum_height	ウィンドウの最小高さ (SDL2 のみ)
min_state_time	ウィジェットのビジュアル表示に費す最小時間 (DropDown などで使用)
allow_screensaver	スクリーンセーバを許可するか否か (SDL2 のみ)

表 7.4 続き

セクションとキー	概要
input セクション 入力デバイスを追加することができる	
widgets セクション	
scroll_distance	ScrollView (第 8.5.5 項) における同名プロパティの初期値
scroll_timeout	(同上)
modules セクション モジュール (第 7.2.2 項) に渡す引数を指定することができる	

注意が必要である.

ここでも ConfigParser と ini ファイルを用いるが, この ini ファイルは前項で用いたものとは異なり, config.ini という名前で, 環境変数 KIVY_HOME(第 7.2.1 項) が示すディレクトリに置かれている. またこの用途のための ConfigParser オブジェクトは, kivy.config においてモジュール変数 Config として宣言されている. 設定にはこのモジュール変数を用いるのが便利である.

```
from kivy.config import Config
x = Config.getint('kivy', 'desktop')
```

表 7.4 に利用可能なセクションとキーの概要を示す. 詳しくは公式サイトの kivy.config のリファレンス [2] を参照されたい.

7.1.3 GUI によるパラメータ設定

Settings クラス (kivy.uix.settings) を用いれば, パラメータ設定を GUI 上で行うことができる. 本書では Settings クラスに基づく GUI をセッティング GUI と呼ぶことにするが, そのスクリーンショットを図 7.2 に示す. いずれも同じパラメータ設定を行うためのセッティング GUI だが, 使用しているデザインテンプレートが異なる. デザインテンプレートとして,

- SettingsWithSidebar (kivy.uix.settings)
- SettingsWithSpinner (kivy.uix.settings)
- SettingsWithTabbedPanel (kivy.uix.settings)
- SettingsWithNoMenu (kivy.uix.settings)

の 4 つのクラスが提供されている. セッティング GUI は 1 つ以上のパネルから構成される. 図 7.2 では, SettingsWithSidebar および SettingsWithTabbedPanel に My Settings および Kivy という 2 つのパネルがあることがわかる. このうち Kivy パネルは Kivy 全般の設定 (第 7.1.2 項) のためのパネルである.

---

[2] https://kivy.org/docs/api-kivy.config.html

7.1 App クラス

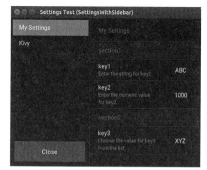

(SettingsWithSidebar)

(SettingsWithSpinner)

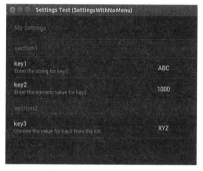

(SettingsWithTabbedPanel)　　　　(SettingsWithNoMenu)

図 7.2　セッティング GUI のスクリーンショット

Settings クラスは BoxLayout を継承しているため，ウィジェットツリーに組み込むなど，他のレイアウトクラスと同じように取り扱うことができる．ここではアプリオブジェクトからセッティング GUI を呼び出すための方法を概説する．

セッティング GUI を作るために必要なのは以下の 2 つである．

- ConfigParser オブジェクト．ただし各キーにはデフォルト値が与えられていなければならない．
- JSON (JavaScript Object Notation) ファイル．もしくは JSON フォーマットの文字列．

前者について，ここでは load_config() によって生成された，アプリオブジェクトの config プロパティを用いる (第 7.1.1 項)．後者について，JSON ファイルはセッティング GUI に必要な情報を有するもので，以下のように記述する．

```
[
    {"type": "title", "title": "section1"},
```

```
 {"type": "string", "title": "key1",
  "desc": "Enter the string for key1.",
  "section": "section1", "key": "key1"},

 {"type": "numeric", "title": "key2",
  "desc": "Enter the numeric value for key2.",
  "section": "section1", "key": "key2"},

 {"type": "title", "title": "section2"},

 {"type": "options", "title": "key3",
  "desc": "Choose the value for key3 from the list.",
  "section": "section2", "key": "key3",
  "options": ["ABC", "PQR", "XYZ"]}
]
```

この JSON ファイルは図 7.2 に示した 4 つのセッティング GUI で共通して用いられるものである．文法の概要を以下に示す．

- 大括弧 [·] はリストを示す．
- 中括弧 {·} は 1 つのオブジェクトを示す．オブジェクトは，セッティング GUI における 1 つのラベルに対応する．この例には 5 つのオブジェクトがあるので，セッティング GUI には 5 つのラベルが存在する．
- オブジェクトは，キーと値の対の集合である．対の間はコンマで区切り，その順序は問わない．
- すべての文字列は，ダブルクオーテーション "·" を前後に付けなければならない．Python とは異なり，シングルクオーテーション '·' は不可である．
- すべてのオブジェクトにおいて type キーが必須である．type キーは表 7.5 に示す 6 通りの文字列のうちいずれか 1 つを取り，これによって対応するラベルの役割を表す．
- オブジェクトのその他のキーについて，title はラベルの見出し，desc はラベルの説明，section と key はそれぞれ，config におけるセクションとキー (つまり設定の対象となる config 上のセクションとキー) をそれぞれ表す．
- type が options のとき，options キーは，選択肢のリストを表す．選択肢は，すべて文字列でなければならない．

このような JSON ファイルを準備した上で，アプリクラスの build_settings() メソッドを次のようにオーバーライドする．

```
class MyApp(App):
    def build_settings(self, settings):
```

表 7.5 セッティング GUI に関する JSON ファイルにおいて, type キーが取り得る値

値	ラベルの役割
"title"	見出しのみ
"bool"	真偽値の設定
"numeric"	数値の設定
"options"	文字列の設定 (選択肢から選ぶ)
"string"	文字列の設定
"path"	ファイルパスの設定

```
settings.add_json_panel('My Settings', self.config, 'my.json')
```

build_settings の引数 settings が Settings オブジェクトである. パネルに関する情報を定めるために, add_json_panel() メソッドを用いる. 第 1 引数にパネルのタイトル, 第 2 引数に対応する ConfigParser オブジェクト, 第 3 引数に JSON ファイルの名前を渡す. なお第 3 引数でファイル名を渡す代わりに, JSON フォーマットの文字列を引数 data に渡しても構わない.

```
def build_settings(self, settings):
    json_str = '...' #JSON フォーマットの文字列
    settings.add_json_panel('My Settings', self.config, data=json_str)
```

最後に, セッティング GUI のデザインを定める. アプリクラスの settings_cls プロパティに, 図 7.2 に示したクラスのいずれかを渡すとよい.

```
from kivy.uix.settings import SettingsWithTabbedPanel
class MyApp(App):
    settings_cls = SettingsWithTabbedPanel
```

それではセッティング GUI を呼び出してみよう. Kivy プログラムを起動後, F1 キーを押すとセッティング GUI が呼び出される. F1 キーに依らずセッティング GUI を呼び出すときは, 適当な時点でアプリクラスの open_settings() メソッドを呼び出すとよい. 以下はこれを行うためのボタンの例である.

```
class CallSettingsButton(Button):
    def on_press(self):
        app = App.get_running_app()
        app.open_settings()
```

Kivy パネルでは Kivy 全般に関する設定を行うことができるが, ユーザには見えないようにしたいかもしれない. この場合アプリクラスの use_kivy_settings プロパティを False にするとよい (デフォルトは True).

```
class MyApp(App):
    use_kivy_settings = False
```

さらに, セッティング GUI そのものを表示しないようにするには, open_settings() メソッドを以下のようにオーバーライドし, 何もしないメソッドにするとよい.

```
class MyApp(App):
    def open_settings(self, *largs):
        pass
```

Settings クラスの詳細は, 公式サイトの kivy.uix.settings のリファレンス[*3] を参照されたい.

7.2 起動の前に

7.2.1 環　境　変　数

環境変数を用いて, Kivy の初期化や各種挙動を制御することができる. 主な環境変数を表 7.6 に示す. この中にはウィンドウの生成に用いる実装を示す KIVY_WINDOW (sdl2, pygame, x11, egl_rpi の中から選択) や, dpi (dots per inch) を示す KIVY_DPI などがあるが, 詳しくは Kivy 公式サイトの Programming Guide - Controlling the environment[*4] を参照されたい.

環境変数をコンソール上で設定する場合は, 実行コマンドの前で行う.

```
$ KIVY_NO_CONSOLELOG=1 python main.py
```

この結果, コンソールにはログが表示されなくなる.

ソースコード中で設定する場合は, os.environ 辞書を用いて行う.

```
import os
os.environ['KIVY_NO_CONSOLELOG'] = '1'
import kivy
```

注意が必要なのは, Kivy をインポートする前に設定しなければならないということである. インポート後に設定しても効果がない.

7.2.2 Kivy モジュール

Kivy モジュール (kivy.modules) を用いれば, インスペクタや端末のエミュレートなど, いくつかの便利な機能を利用することができる.

Kivy モジュールを利用するには, 以下の (i) から (iii) のいずれかを用いるとよい.

[*3] https://kivy.org/docs/api-kivy.uix.settings.html
[*4] https://kivy.org/docs/guide/environment.html

7.2 起動の前に

表 7.6 主な環境変数

パス 名前 (初期値)	概要
KIVY_DATA_DIR (`<KIVY_PATH>/data`)	Kivy データディレクトリ
KIVY_MODULES_DIR (`<KIVY_PATH>/modules`)	Kivy モジュールディレクトリ
KIVY_HOME Android: `<APP_DIR>/.kivy` iOS: `<USER_HOME>/Documents/.kivy` デスクトップ: `<USER_HOME>/.kivy`	Kivy ホームディレクトリ
パラメータ設定とログ：何でもよいので値を渡せば有効になる	
名前	概要
KIVY_USE_DEFAULTCONFIG	Kivy 用 ini ファイル (第 7.1.2 項) の読込みを行わない
KIVY_NO_CONFIG	Kivy 用 ini ファイルの読み書きを行わない
KIVY_NO_FILELOG	ログファイルにログが出力されなくなる
KIVY_NO_CONSOLELOG	コンソールにログが出力されなくなる
KIVY_NO_ARGS	引数が Kivy に渡されなくなる (独自使用が可能となる)
コア部分で使用するライブラリ等：デフォルトでは, Kivy がベストのものを選択	
名前	概要 (選択肢)
KIVY_WINDOW	ウィンドウ生成 (sdl2, pygame, x11, egl_rpi)
KIVY_TEXT	テキストのレンダリング (sdl2, pil, pygame, sdlttf)
KIVY_VIDEO	ビデオのレンダリング (gstplayer, ffpyplayer, ffmpeg, null)
KIVY_IMAGE	画像のレンダリング (dl2, pil, pygame, imageio, tex, dds, gif)
KIVY_CAMERA	カメラの操作 (avfoundation, android, opencv)
KIVY_SPELLING	スペルチェッカ (enchant, osxappkit)
KIVY_CLIPBOARD	クリップボードの管理 (sdl2, pygame, dummy, android)
単位：詳細は kivy.metrics のリファレンス [*5] を参照	
名前	概要
KIVY_DPI	代入した値が Metrics.dpi に渡される
KIVY_METRICS_DENSITY	代入した値が Metrics.density に渡される
KIVY_METRICS_FONTSCALE	代入した値が Metrics.fontscale に渡される
グラフィクス：詳細は kivy.graphics.cgl のリファレンス [*6] を参照	
名前	概要
KIVY_GL_BACKEND	使用する OpenGL バックエンド
KIVY_GL_DEBUG	1 を代入すれば, OpenGL のログが取られる
KIVY_GRAPHICS	gles を代入すれば, OpenGL ES2 が強制的に用いられる
KIVY_GLES_LIMITS	1 を代入すれば, GLES2 が強制的に用いられる

[*5] https://kivy.org/docs/api-kivy.metrics.html
[*6] https://kivy.org/docs/api-kivy.graphics.cgl.html

(i) Kivy 設定ファイル (第 7.1.2 項) の modules セクションに, 利用するモジュールを書き込む. 以下により, touchring モジュールを利用できる.

```
[modules]
touchring =
```

モジュール名の後に, = が必要なことに注意せよ.

(ii) Config オブジェクト (第 7.1.2 項) を用いる.

```
from kivy.config import Config
Config.set('modules', 'touchring', '')
```

(iii) コマンドラインの -m オプションを用いる.

```
$ python main.py -m touchring
```

利用可能な Kivy モジュールの一覧を以下に示す.

touchring: タッチの周りに輪を描く.

monitor: ウィンドウ上部に, FPS (frames per second) と入力操作の変化を表すバーを追加.

keybinding: 以下のショートカット操作を許可.
- 画面の回転 (F11).
- 縦向き (portrait) と横向き (landscape) の切替 (Shift+F11).
- スクリーンショット (F12).

recorder: 入力イベントを記録し, 再生する.
- 最後に記録したものをループ再生 (F6).
- 最後に記録したものを読み込む (F7).
- 入力イベントを記録する (F8).

screen: 実在する端末の解像度, dpi, 論理密度をエミュレート.

```
$ python main.py -m screen
```

とすれば, エミュレート可能な端末の一覧と利用方法が表示される. iPhone5 をエミュレートするには以下のようにする.

```
$ python main.py -m screen:iphone5
```

さらに, 縦向き (portrait) で, 0.4 倍にスケーリングした上で利用するには, 以下のようにする.

```
$ python main.py -m screen:iphone5,portrait,scale=0.4
```

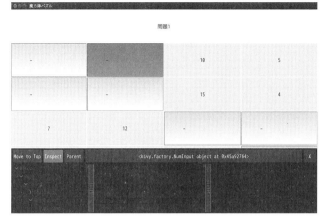

図 7.3 インスペクタのスクリーンショット: Ctrl+e で起動/終了. ウィジェットをタッチするとクラス情報が表示される. クラス情報のボタンをタッチすると, ウィジェットツリーや各プロパティの値が表示される.

横向きには landscape を使用する.

inspector: ウィジェットのインスペクタ. ウィジェットツリーにおける親子関係や, 各プロパティの値を確認できる (図 7.3).

webdebugger: ブラウザ上でプログラムの進行状況を確認.

joycursor: ジョイスティックによってマウス操作を実現.

このほか, 独自のモジュールを開発し, 使用することも可能である. Kivy モジュールの詳細は, 公式サイトの kivy.modules のリファレンス[*7] を参照されたい.

7.3 その他のクラス

Kivy の標準ライブラリには, ウィジェット以外にも様々なクラスが提供されている. 本節では比較的有用と考えられる以下のクラスを紹介する. ウィジェットのリファレンスは次章に譲る.

- Sound (サウンド, 第 7.3.1 項)
- Animation (アニメーション, 第 7.3.2 項)
- Window (ウィンドウ, 第 7.3.3 項)
- UrlRequest (URL リクエスト, 第 7.3.4 項)

[*7] https://kivy.org/docs/api-kivy.modules.html

7.3.1 Sound (サウンド)

サウンドを取扱うには, Sound クラス (kivy.core.audio) のオブジェクトを直接生成するのではなく, SoundLoader クラス (kivy.core.audio) を用いて生成するのが推奨されている.

SoundLoader の load() メソッドは, 指定されたファイルに関する Sound オブジェクトを返す. 再生するには, このオブジェクトの play() メソッドを実行すればよい.

```
from kivy.core.audio import SoundLoader
sound = SoundLoader.load('filename.wav')
sound.play()
```

Sound クラスのプロパティを表 7.7 に, メソッドを表 7.8 に, on メソッドを表 7.9 にそれぞれ示す.

表 7.7 Sound クラスのプロパティ

名前	クラス	初期値	概要
length	(Python プロパティ)	N/A	サウンドの長さ (秒)
loop	BooleanProperty	False	繰返しの有無
pitch	NumericProperty	1	ピッチ (SDL2 のみ)
source	StringProperty	None	ファイル名, 読込み専用
state	OptionProperty	'stop'	'stop' (停止), 'play' (再生)
volume	NumericProperty	1	音量, 0 ならばミュート, 1 ならば最大

表 7.8 Sound クラスのメソッド

名前と引数	返り値	概要
get_pos()	数値	現在の再生位置, 停止中ならば 0
load(file)	–	サウンドファイル file をメモリ上にロード
play()	–	再生を開始
seek(pos)	–	再生位置 pos (秒) に移動, 再生中のみ
stop()	–	再生を停止
unload()	–	サウンドファイルをメモリからアンロード

表 7.9 Sound クラスの on メソッド

名前	いつ呼び出されるのか
on_play()	再生が開始したとき
on_stop()	再生が停止したとき

7.3.2 Animation (アニメーション)

Animation クラス (kivy.animation) を用いれば, ウィジェットにアニメーション効果を与えることができる. 具体的には, ウィジェットの数値プロパティ (位置, サイ

ズ，フォントの大きさなど) を時間の経過とともに規則的に変化させることができ，変化の過程がアニメーション効果となって現れるのである．

　Animation を用いてできることは，基本的に Clock クラスによるクロックイベント (第 3.2 節) を用いて実現することも可能だが，ことウィジェットの数値プロパティを規則的に変化させるだけのアニメーションに関して言えば，Animation の方が簡潔に書けるであろう．しかも様々なアニメーション効果を用いることもできる．

　次のコードで生成する Animation オブジェクトは，ウィジェットの y プロパティを 10 に，width プロパティを 100 に，2.0 秒かけて変化させるためのものである．

```
from kivy.animation import Animation
anime = Animation(y=10, width=100, duration=2.0, transition='out_bounce')
```

このように Animation オブジェクトを生成する際，変化させるウィジェットのプロパティとその目標値を指定する．ウィジェットが本来持つ数値プロパティのみならず，カスタムプロパティを指定しても構わない．

　duration と transition はアニメーション効果に関するプロパティである．duration プロパティはアニメーションに要する時間を表すが (単位は秒，初期値は 1.0)，d に短縮して指定することも可能である．また transition プロパティはアニメーション効果を示す文字列を表すが (初期値は 'linear')，t に短縮して指定することも可能である．

```
anime = Animation(y=10, width=100, d=2.0, t='out_bounce')
```

transition プロパティが取り得る文字列は 30 通り以上あり，その中には現在の値から目標値まで線形に変化する 'linear'，ボールが跳ねるように変化する 'in_bounce' や 'out_bounce' などがある．詳しくは公式サイトの kivy.animataion のリファレンス [*8)] を参照されたい．

　anime アニメーションをウィジェット w に対して適用するには，w を引数とした上で start() メソッドを実行するとよい．

```
anime.start(w)
```

　複数のアニメーションを連続，もしくは並列して実行することもできる．連続して実行するには，+ 演算子を用いて Animation オブジェクトを連結する．

```
a1 = Animation(...)
a2 = Animation(...)
anime = a1+a2
anime.start(w)
```

[*8)] https://kivy.org/docs/api-kivy.animation.html

また並列して実行するには、& 演算子を用いる。

```
anime = Animation(...)
anime &= Animation(...)
anime.start(w)
```

+ を用いて Animation オブジェクトを連結した場合、アニメーションを繰り返し実行することもできる。この場合 repeat プロパティに True を渡した上で start() メソッドを実行する。

```
a1 = Animation(...)
a2 = Animation(...)
anime = a1+a2
anime.repeat = True
anime.start(w)
```

7.3.3 Window (ウィンドウ)

ウィンドウ関連のクラスは kivy.core.window モジュールにまとめられているが、これらを直接取り扱うのではなく、Window オブジェクトを用いるのが便利である。このオブジェクトを用いるには、kivy.core.window からインポートする。

```
from kivy.core.window import Window
```

Window オブジェクトが持つ主なプロパティを表 7.10、主な on メソッドを表 7.11 に示す。第 3.3 節でも見たように、自前の関数をバインドすることによって、独自のイベント処理を行うこともできる。

```
def my_on_touch_down(self, touch):
    ...
Window.bind(on_touch_down=my_on_touch_down)
```

このほか、ウィンドウ全体のスクリーンショットを取得し、保存することもできる。ファイル名は name によって指定する。

```
Window.screenshot(name='filename.png')
```

7.3.4 UrlRequest (URL リクエスト)

UrlRequest クラス (kivy.network.urlrequest) を用いれば、ウェブに HTTP リクエストを送信し、レスポンスを受け取ることができる。特に、JSON 形式で受け取ったレスポンスは自動的に辞書に変換されるため、オープンデータの API を容易に

7.3 その他のクラス

表 7.10 Window の主なプロパティ

名前 (プロパティクラス)	初期値	概要
allow_screensaver (BooleanProperty)	True	スクリーンセーバー (モバイル端末ならばスリープ) を許容するか否か
borderless (BooleanProperty)	False	ウィンドウの境界を取り除くか否か
clearcolor (AliasProperty)	(0,0,0,1)	ウィンドウの背景色
focus (AliasProperty)	True	ウィンドウがフォーカスされているか否か (読込み専用)
fullscreen (OptionProperty)	False	フルスクリーンか否か (True, False, 'auto', 'fake')
height (AliasProperty)	–	ウィンドウの高さ (読込み専用)
minimum_height (NumericProperty)	0	ウィンドウの高さの最小値
minimum_width (NumericProperty)	0	ウィンドウの幅の最小値
rotation (AliasProperty)	0	ウィンドウの回転角. 0, 90, 180, 270 のいずれか
size (AliasProperty)	–	ウィンドウのサイズ (読込み専用)
width (AliasProperty)	–	ウィンドウの幅 (読込み専用)

表 7.11 Window の主な on メソッド

名前	いつ呼び出されるのか
on_close()	ウィンドウが閉じられたとき
on_hide()	ウィンドウが隠されたとき (SDL2 要)
on_key_down(*key*, *scancode*, *codepoint*, *modifier*)	キーが押されたとき *key* はキーコード, *scancode* はスキャンコード, *codepoint* は押されたキー (文字列), *modifier* は Shift など同時に押されたキー (文字列)
on_key_up(*key*, *scancode*, *codepoint*)	キーが離されたとき
on_minimize()	ウィンドウが最小化されたとき (SDL2 要)
on_maximize()	ウィンドウが最大化されたとき (SDL2 要)
on_resize(*width*, *height*)	ウィンドウのサイズが変更されたとき
on_restore()	ウィンドウが復帰したとき (SDL2 要)
on_show()	ウィンドウが顕になったとき (SDL2 要)
on_touch_down(*touch*)	タッチイベント *touch* が新しく検知されたとき
on_touch_move(*touch*)	既存のタッチイベント *touch* が更新されたとき
on_touch_up(*touch*)	既存のタッチイベント *touch* が終了するとき

利用することができる*9).

UrlRequest オブジェクトを生成するときに用いられる引数を表 7.12 に示す．このうち必須なのは最初の url のみで，他はすべてオプションである．

```
from kivy.network.urlrequest import UrlRequest
def callback(req, result):
    print (result)
request = UrlRequest('http://...?key=kivy', callback)
```

なおリクエストで用いられるメソッドは，GET がデフォルトである．POST を用いる場合には，リクエストボディに記すべき文字列を，req_body 引数に渡す (req_body

表 7.12 UrlRequest オブジェクトの生成時に用いられる引数

名前	種類	初期値	概要
url	文字列	–	リクエストを送信する URL
on_success(*req*, *result*)	コールバック関数	–	正常なレスポンスが返されたときに呼び出される
			req はオブジェクト，*result* はレスポンス (以下同様)
on_redirect(*req*, *result*)	コールバック関数	–	リダイレクトが返されたときに呼び出される
on_failure(*req*, *result*)	コールバック関数	–	Client/Server Error が返されたときに呼び出される
on_error(*req*, *error*)	コールバック関数	–	エラーが起きたときに呼び出される
on_progress(*req*, *current_size*, *total_size*)	コールバック関数	–	ダウンロードの進行中に呼び出される
req_body	文字列	None	リクエストボディに記す文字列
req_headers	辞書	None	リクエストヘッダに記すキーと値
chunk_size	整数	8192	チャンクサイズ
timeout	整数	None	タイムアウト時間
method	文字列	'GET'	HTTP メソッド
decode	ブール	True	レスポンスのデコードを行うか否か
debug	ブール	False	Logger.debug を用いてデバッグを行うか否か
file_path	文字列	None	レスポンスを書き込むファイルの名前
ca_file	文字列	None	SSL 証明書のパス
verify	ブール	True	SSL 検証を行うか否か
proxy_host	文字列	None	プロキシサーバ
proxy_port	整数	None	プロキシポート
proxy_headers	辞書	None	CONNECT によってプロキシサーバに渡されるキーと値

---

*9) たとえば文献 Dusty Phillips: *Creating Apps in Kivy*. O'Reilly, 2014 では，OpenWeatherMap (https://openweathermap.org/) の API を利用した天気予報アプリの作り方が取り上げられている．

が初期値 None のままであれば, GET が用いられる). 以下の例では urllib を用いて
エンコードした文字列を渡す. 以下は Python2 向けのコードである.

```
import urllib
body = urllib.urlencode({'key': 'kivy'})
request = UrlRequest('http://...', callback, req_body=body)
```

Python3 の場合, 1,2 行目を以下のように書く.

```
import urllib.parse
body = urllib.parse.urlencode({'key': 'kivy'})
```

7.4 関連プロジェクト

Kivy のさらなる拡張のため, 以下の関連プロジェクトが走っている.

Buildozer: Windows, macOS, Linux, Android, および iOS で動くアプリを
パッケージングするためのツール. ただし macOS と iOS については, 開発途
上であることが明言されている. Android については Python-for-Android
(下記参照), iOS については Kivy-iOS (下記参照) をサポートしている. 設
定は `buildozer.spec` というテキストファイルをエディタで編集するだけで
よい.

Plyer: プラットフォームに依存した API を使うための, Python ラッパー. GPS
や加速度センサなどを操作するための機能が含まれる.

Pyjnius: Python から Java/Android の API に動的アクセスするためのライ
ブラリ.

Pyobjus: Python から Objective-C/iOS の API に動的アクセスするための
ライブラリ.

Python-for-Android: Android 上で動く Python アプリをビルドするため
のツール.

Kivy-iOS: iOS 上で動く Kivy アプリをビルドするためのツール.

Audiostream: マイクやスピーカにアクセスするためのライブラリ.

Kivy Designer: Kivy プログラミングのためのユーザーインターフェース.

KivEnt: リアルタイムでレンダリングを行うためのライブラリ. 主にゲーム開
発を意図したもの.

Garden: ユーザによって開発されたライブラリやウィジェット.

これらのインストールおよび使用方法については, GitHub の Kivy ディレクト

リ *10) からたどることができる．ただし，これらの多くが開発途上にあること，そしてハードウェア構成やインストール済の依存関係等の理由から，ドキュメントにある手順を忠実に実行したとしても，うまくいかないかもしれない．そのような場合は，ウェブで最新の情報を入手することを推奨する．

以下では Android 端末で動かす方法 (第 7.4.1 項)，iOS 端末で動かす方法 (第 7.4.2 項)，および Garden (第 7.4.3 項) について簡単に触れておく．

7.4.1　Android 端末で動かす

Android 端末で Kivy アプリを動かすには，以下のツールのいずれかを用いる．
- Kivy Launcher
- Buildozer
- Python-for-Android

いずれも Python3 系への対応が進められているが，現状では Python2 系でソースコードを書いておくのが無難である．

最初の Kivy Launcher は，Kivy の実行環境そのものを Android 端末上に構築するものである．したがって Kivy Launcher を用いる場合は，プログラムをアプリとしてパッケージ化するのではなく，ソースコードをそのまま転送して動かすことになる．Kivy Launcher は Google Play において無償でダウンロード可能である．

ここでは Buildozer を用いてアプリを生成する手順を概観する．使用する OS は Linux (Ubuntu 16.04)，Python のバージョンは 2 系を想定する．

まず pip を用いて Buildozer をインストールする．

```
$ pip install buildozer
```

次いで Kivy プログラムが入っているディレクトリに移動し，以下のコマンドによって buildozer.spec というファイルを生成する．

```
$ buildozer init
```

この buildozer.spec は，アプリの諸設定を記述するためのファイルで，適当なエディタで編集することができる．その一部を以下に抜粋する．

```
# (str) Title of your application
title = (アプリの名前)

# (str) Package name
package.name = (パッケージ名)
```

---

*10)　https://github.com/kivy/kivy

7.4 関連プロジェクト

```
# (str) Package domain
package.domain = (ドメイン名: org.test など)

# (str) Presplash of the application
presplash.filename = (起動時に表示する画像)

# (str) Icon of the application
icon.filename = (アイコン画像)

# (str) Supported orientation (one of landscape, portrait or all)
orientation = (画面の向き: landscape (横), portrait (縦), all (両方))
```

buildozer.spec を編集後,デバッグモードのアプリを生成するには以下のコマンドを実行する.

```
$ buildozer android debug
```

ただしプログラムにおける Python ファイルの名前は main.py でなければならない.上のコマンドにより apk ファイルが生成される.このファイルは,Android 端末に転送して動かすことができる.

アプリを Google Play で公開するには,リリースモードのアプリを生成し,Android Keystore システムの手順にしたがって署名を行う必要がある.さらにデベロッパーアカウントを作成した上で (登録料として 25US$ が必要,1 回限り),アップロードすることになる.

アプリの署名までの手順を述べておく.まずリリースモードのアプリを生成する.

```
$ buildozer android release
```

このコマンドを実行すると,サブディレクトリ bin に apk ファイルが生成する.

次に keytool を用いて署名のための鍵を生成する.この鍵は初めてアプリに署名するときのみならず,バージョンアップなどで再度署名を行う際にも必要となる.したがって初回署名時にのみ生成すればよいが,紛失しないよう注意しなければならない.

```
$ keytool -genkeypair -alias "keystorealias" -keyalg RSA -keysize 2048\
   -keystore MYKEY -validity 365
```

上記のコマンドを実行すると,パスワード等の入力を求められる.適切に入力を行うと,-keystore で定めた MYKEY ファイルに鍵が生成される (その有効期間は -validity で定めた 365 日).

続いて,この鍵を用いて署名を行う.

```
$ jarsigner -verbose -sigalg SHA1withRSA -digestalg SHA1 -keystore MYKEY\
   YOURAPP-unsigned.apk keystorealias
```

MYKEY は鍵ファイル, YOURAPP-unsigned.apk は buildozer によって生成された apk ファイルである.

最後に zipalign を用いて apk ファイルを最適化する.

```
$ zipalign -f -v 4 YOURAPP-unsigned.apk YOURAPP.apk
```

新しく生成された YOURAPP.apk が, 最適化された apk ファイルである.

7.4.2 iOS 端末で動かす

ここでは iOS 端末で動くアプリを, Kivy-iOS を用いて生成する方法について触れる. Kivy-iOS は Python3 系にほとんど対応していないため, ソースコードは Python2 系で書いておくのがよい.

この作業には Xcode の入った macOS 環境が必要である. さらにいくつかの外部ツールが必要である. Xcode のコマンドラインツールが入っていない場合はインストールする.

```
$ xcode-select --install
```

brew を用いて, 必要な依存関係をインストールする.

```
$ brew install autoconf automake libtool pkg-config
$ brew link libtool
```

Cython (0.23) をインストールする.

```
$ pip install cython==0.23
```

Kivy-iOS のサイト [*11] から kivy-ios-master.zip をダウンロードし, 適当なディレクトリに解凍する. 解凍されたディレクトリの中に toolchain.py (以下 toolchain) という Python スクリプトがあるが, この toolchain を用いて, iOS 用 Kivy をビルドし, アプリの Xcode プロジェクトを生成するのである.

まず iOS 用 Kivy をビルドするには, 以下のコマンドを実行する.

```
$ python toolchain.py build kivy
```

このコマンドを実行すると, iOS 用 Kivy に必要最低限なレシピのビルドが始まり, 最後に iOS 用 Kivy がビルドされる. すべてが終わるまで数十分を要する.

iOS 用 Kivy のビルドが済み, 端末に転送したい Kivy プログラムが完成したら, Xcode プロジェクトを生成しよう.

```
$ python toolchain.py create (タイトル) (プログラム一式の入ったディレクトリ:
  絶対パス)
```

[*11] https://github.com/kivy/kivy-ios

7.4 関連プロジェクト

プログラムにおける Python ファイルの名前は main.py でなければならない．タイトルが Title の場合, Title-ios というディレクトリの中に Xcode プロジェクト Title.xcodeproj が生成される．このプロジェクトを Xcode で開くには，以下のコマンドを実行する．

```
$ open Title-ios/Title.xcodeproj
```

元の Kivy プログラムを更新したときは，以下のコマンドによって Xcode プロジェクトも更新される．

```
$ python toolchain.py update Title
```

Xcode では，アプリ名やアイコン画像など諸設定を適切に行うことで [12], iOS 端末への転送や，iTunes connect (App Store の管理用コンソール) へのアップロードができる．なお App Store でアプリを公開するには，Apple Developer Program に登録する必要がある (メンバーシップの年間料金は 99US$).

プログラムが使用可能なライブラリには制限があり，Python の標準ライブラリのほか，基本的に toolchain がビルド可能なもののみに限られている．toolchain がビルド可能なレシピの一覧は以下のコマンドで確認できる．

```
$ python toolchain.py recipes
... (省略) ...
kivy        1.10.0
libffi      3.2.1
libjpeg     v9a
libpng      1.6.26
markupsafe  master
moodstocks  4.1.5
numpy       1.9.1
... (省略) ...
```

この中には数値計算用の numpy などが含まれている．アプリの中で numpy を用いる場合は，追加でビルドしておく．

```
$ python toolchain.py build numpy
```

なお，Python の標準ライブラリや toolchain でビルドできるもの以外のライブラリであっても，

<KIVY-IOS_DIR>/dist/root/python/lib/python2.7/site-packages

以下に置いてアプリをビルドすれば，使用できる場合もある．たとえばマッチメイカー

---

[12] 必要な操作の 1 つに，ビットコード (bitcode) を使わないように設定する，というものがある．

124   7. 次のステップに向けて

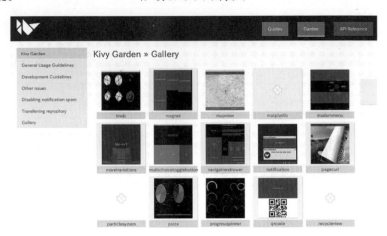

図 7.4 Garden のギャラリー (http://kivy-garden.github.io/gallery2.html)

(第 6.2 節) で用いた NetworkX はこの方法で使用可能である*[13]．

デフォルトでは Python の標準ライブラリすべてがアプリの中に盛り込まれるため，アプリのファイルサイズが意図したものより大きくなるかもしれない．転送用の Python は

<KIVY-IOS_DIR>/dist/root/python/lib/python27.zip

にあるので，この zip ファイルをいったん別の場所で解凍し，不要なライブラリを取り除いた上で圧縮し，再び上記の場所に置いてアプリをビルドすれば，ファイルサイズをある程度小さくすることができる．

7.4.3　Garden

Garden はユーザが立ち上げたプロジェクトの集まりで，様々なライブラリやウィジェットが利用可能である．図 7.4 にギャラリーのページの一部を示す．特に盛んなプロジェクトとして，OpenStreetMap*[14] を利用して地図の表示を可能にした mapview (kivy.garden.mapview) や，matplotlib*[15] を Kivy 上で動かすための matplotlib (kivy.garden.matplotlib) などがある．

---

*[13] サンプルアプリの 2 つ (魔方陣パズル，マッチメイカー) は，いずれも iOS 端末に転送できることを確認している．
*[14] https://openstreetmap.jp/
*[15] https://matplotlib.org/

8 ウィジェット・リファレンス

本章では，Kivy で提供されている様々なウィジェットの一部を精選し，その使い方を説明する．公式サイトのリファレンス[1]も併せて参照されたい．

第 8.1 節では，Widget クラスについて説明する．すべてのウィジェット，レイアウト，スクリーンマネージャが，この Widget クラスを基本クラスとして継承している．第 8.2 節では，図 2.2 で紹介した基本的なウィジェットを，第 8.3 節ではより複合的なウィジェットをそれぞれ取り上げる．第 8.4 節では，図 2.3 で紹介したレイアウトを取り上げる．第 8.5 節ではスクリーンマネージャについて取り上げ，第 8.6 節ではその他のウィジェットについて触れる．

8.1 Widget クラス

Widget クラス (kivy.uix.widget) は最も基本的なウィジェットである．すべてのウィジェット，レイアウト，スクリーンマネージャは，この Widget クラスを継承しているため，Widget クラスのプロパティやメソッドを用いることができる (一部の例外を除く)．

表 8.1 に Widget クラスの主なプロパティ，表 8.2 に主なメソッドを示す．このほか Widget クラスではキャンバスが利用可能である．キャンバスについては第 5 章を参照されたい．

8.2 基本的なウィジェット

本節で取り扱うウィジェットのスクリーンショットは，図 2.2 を参照されたい．

8.2.1 Label (ラベル)

Label (kivy.uix.label) は文字列を表示するためのウィジェットクラスである．

---

[1] https://kivy.org/docs/api-kivy.uix.html

表 8.1 Widget クラスの主なプロパティ

名前 (プロパティクラス)	初期値	概要
位置		
x (NumericProperty)	0	左下の頂点の x 座標
y (NumericProperty)	0	左下の頂点の y 座標
pos (ReferenceListProperty)	−	(x, y)
pos_hint (ObjectProperty)	{}	x, y, center_x, center_y, right, top をキーとする辞書
center_x (AliasProperty)	−	$x + (width/2)$
center_y (AliasProperty)	−	$y + (height/2)$
center (ReferenceListProperty)	−	$(center\_x, center\_y)$
right (AliasProperty)	−	$x + width$
top (AliasProperty)	−	$y + height$
サイズ		
width (NumericProperty)	100	幅, size_hint_x=None のとき有効
height (NumericProperty)	100	高さ, size_hint_y=None のとき有効
size (ReferenceListProperty)	−	$(width, height)$
size_hint_x (NumericProperty)	1	幅に関する比率
size_hint_y (NumericProperty)	1	高さに関する比率
size_hint (ReferenceListProperty)	−	$(size\_hint\_x, size\_hint\_y)$
size_hint_max_x (NumericProperty)	None	ウィジェットの幅の最大値, size_hint_x=None のとき有効
size_hint_max_y (NumericProperty)	None	ウィジェットの高さの最大値, size_hint_y=None のとき有効
size_hint_max (ReferenceListProperty)	−	$(size\_hint\_max\_x, size\_hint\_max\_y)$
size_hint_min_x (NumericProperty)	None	ウィジェットの幅の最小値, size_hint_x=None のとき有効
size_hint_min_y (NumericProperty)	None	ウィジェットの高さの最小値, size_hint_y=None のとき有効

表 8.1 続き

名前 (プロパティクラス)	初期値	概要
サイズ		
size_hint_min (ReferenceListProperty)	—	($size\_hint\_min\_x$, $size\_hint\_min\_y$)
ウィジェットツリー		
parent (ObjectProperty)	None	親ウィジェット
children (ListProperty)	[]	子ウィジェットのリスト
id (StringProperty)	None	ウィジェットツリーにおける識別子
ids (DictProperty)	{}	id が与えられたウィジェットの辞書
その他		
disabled (BooleanProperty)	False	入力イベントの受付を拒否するか否か
opacity (NumericProperty)	1	ウィジェットおよび子ウィジェットの不透明度

表 8.3 に Label クラスの主なプロパティを示す.

ラベル内の文字列の位置を調整するには, halign, valign プロパティを用いる. これらのプロパティを用いるに先立ち, 文字列のバウンディングボックスのサイズを設定する必要がある. 文字列のバウンディングボックスのサイズは text_size プロパティにたくわえられるが, これはラベル自身のサイズである size プロパティと異なるので注意が必要である. 文字列のバウンディングボックスのサイズを, ラベルと同じサイズに取るのは自然な選択肢の 1 つである. KV 言語を用いて書くと, 以下の通りである.

```
<Label>:
    text_size: self.size
```

フォントを変えるには, font_name プロパティでフォントファイルの名前を指定する. ただしフォントによっては, bold (太字) や italic (斜体) を True に設定しても, 意図した通りに表示されないことに注意が必要である.

プロパティではなく, タグを用いて text 内で書式を設定することができる. タグを有効にするには, markup プロパティの値を True にする. タグには次のようなものがある.

- [b]...[/b]: 太字.
- [i]...[/i]: 斜体.
- [u]...[/u]: 下線.

表 8.2 Widget クラスの主なメソッド

名前と引数	返り値	概要
ウィジェットツリー		
add_widget(*wid*)	None	ウィジェット *wid* を子に加える タッチイベント伝播の優先度を index で指定可能 (第 3.3 節)
remove_widget(*wid*)	None	子ウィジェット *wid* を取り外す
clear_widgets()	None	すべての子ウィジェットを取り外す
接触		
collide_point(*x,y*)	ブール値	座標 (x,y) を含むか否か，親の座標系にしたがうことに注意
collide_widget(*wid*)	ブール値	ウィジェット *wid* と接触するか否か
座標変換		
to_local(*x,y*)	(座標)	親の座標系上の座標 (x,y) を，自身が生成する座標系上の座標に変換
to_parent(*x,y*)	(座標)	自身が生成する座標系上の座標 (x,y) を，親の座標系上の座標に変換
to_widget(*x,y*)	(座標)	絶対座標 (x,y) を，自身が生成する座標系上の座標に変換
to_window(*x,y*)	(座標)	自身が生成する座標系上の座標 (x,y) を，絶対座標に変換
その他		
export_to_png(*filename*)	True	自身および子のイメージを png 形式で *filename* に保存 成功した場合 True を返す
on メソッド		
名前と引数		いつ呼び出されるのか
on_touch_down(*touch*)		タッチイベント *touch* が新しく検知されたとき
on_touch_move(*touch*)		既存のタッチイベント *touch* が更新されたとき
on_touch_up(*touch*)		既存のタッチイベント *touch* が終了するとき

- [font=*str*]...[/font]：フォントを *str* (ファイル名) に変更．
- [size=*size*]...[/size]：文字の大きさを *size* に変更．
- [color=#*rgb*]...[/color]：文字の色を *rgb* (RGB, 16 進数形式) に変更．
- [sub]...[/sub]：下付き文字．
- [sup]...[/sup]：上付き文字．

ただしこれも font_name プロパティ同様，フォントによっては意図した通りに表示されない．

8.2.2 Button (ボタン)

Button (kivy.uix.button) はクリックやタッチなど，「押す」操作を受け付けるためのウィジェットである．一般のウィジェットは on_touch_down() メソッドなど

表 8.3 Label クラスの主なプロパティ

名前 (プロパティクラス)	初期値	概要
text (StringProperty)	''	文字列
サイズ, 配置		
halign (OptionProperty)	'left'	文字列の横位置. 'left' (左), 'center' (中央), 'right' (右) のいずれかを選ぶ.
valign (OptionProperty)	'bottom'	文字列の縦位置. 'bottom' (下), 'middle' (中央), 'top' (上) のいずれかを選ぶ.
padding_x (NumericProperty)	0	横パディングの幅
padding_y (NumericProperty)	0	縦パディングの高さ
padding (ReferenceListProperty)	—	($padding\_x$, $padding\_y$)
text_size (ListProperty)	[None, None]	文字列のバウンディングボックスのサイズ
装飾		
bold (BooleanProperty)	False	太字か否か
italic (BooleanProperty)	False	斜体か否か
underline (BooleanProperty)	False	下線を引くか否か
color (ListProperty)	[1,1,1,1]	文字の色
font_name (StringProperty)	'Roboto'[*2]	フォントファイルの名前
font_size (NumericProperty)	15sp	文字の大きさ
markup (BooleanProperty)	False	マークアップ機能を使うか否か

を用いてタッチイベントを受け付けることができるが, ウィジェットツリーに属する他のウィジェットへのイベントの伝播も考慮しなければならない (第 3.3 節). これに対し Button は, 他のウィジェットを気にすることなくタッチイベントを受け付けることができる. また, 「タッチされていない」状態と「タッチされた」状態で, それぞれ異なる文字列や背景画像を簡単に表示させることができる.

Button は Label のサブクラスであるため, Label のプロパティが利用可能である. 表 8.4 に, Button 独自のプロパティのうち主なものを示す.

[*2] <KIVY_PATH>/data/fonts/ にある Roboto フォントを参照する.

表 8.4 Button クラスの主なプロパティ

名前 (プロパティクラス)	初期値	概要
background_color (ListProperty)	[1,1,1,1]	ボタンの背景色
background_down (StringProperty)	'<ATLAS>/button_pressed'	タッチされたときの背景画像
background_normal (StringProperty)	'<ATLAS>/button'	タッチされていないときの背景画像
border (ListProperty)	[16,16,16,16]	背景画像の縁の大きさ BorderImage (第 5.3.5 項) の border プロパティと同じ役割
background_disabled_down (StringProperty)	'<ATLAS>/button_disabled_pressed'	disabled (表 8.1) が True の場合の, タッチされたときの背景画像
background_disabled_normal (StringProperty)	'<ATLAS>/button_disabled'	disabled が True の場合の, タッチされてないときの背景画像

表中の<ATLAS>は,

$$\texttt{atlas://data/images/defaulttheme}$$

を表し, アトラスと呼ばれる画像表示の特殊な仕組みを参照している. アトラスについては付録 B を参照されたい.

background_color プロパティは, デフォルトの背景画像 (background_normal プロパティ) が灰色のテクスチャであるため, 指定した色より暗く見えることに注意が必要である. 背景色をそのまま表示させたい場合は, background_normal に空の文字列'' を渡す.

```
btn = Button(background_normal='')
```

ボタンがタッチされると, そのイベントに対して on_press() メソッドが呼び出される. また, タッチイベントが終わると, on_release() メソッドが呼び出される. 両者とも引数は self のみである.

8.2.3 CheckBox (チェックボックスとラジオボタン)

CheckBox (kivy.uix.checkbox) は, チェックボックスやラジオボタンを実現するためのウィジェットクラスである. 両者の違いは, チェックボックスにはそれぞれ独立にチェックを入れることができるのに対し, ラジオボタンには, 同じグループに属する

もののうち高々1つにしかチェックを入れることができない，という点である．ラジオボタンはチェックボックスの特殊ケースという考え方で取り扱われていて，group プロパティについて同一の値を取るようなチェックボックスが，自動的に同じグループのラジオボタンとなる．表 8.5 に，CheckBox 独自のプロパティのうち主なものを示す．

表 8.5　CheckBox クラスの主なプロパティ

名前 (プロパティクラス)	初期値	概要
active (BooleanProperty)	False	チェックされているか否か
group (StringProperty)	''	ラジオボタンのグループ名 空の文字列 '' ならばチェックボックス
background_checkbox_down (StringProperty)	'<ATLAS>/checkbox_on'	(チェックボックスの場合) チェックされたときの画像
background_checkbox_normal (StringProperty)	'<ATLAS>/checkbox_off'	(チェックボックスの場合) チェックされていないときの画像
background_radio_down (StringProperty)	'<ATLAS>/radio_on'	(ラジオボタンの場合) チェックされたときの画像
background_radio_normal (StringProperty)	'<ATLAS>/radio_off'	(ラジオボタンの場合) チェックされていないときの画像

下記の MyWidget のスクリーンショットを図 8.1 に示す．

```
<MyWidget@GridLayout>:
    rows: 4
    cols: 2
    Label:
        text: 'Check Box 1'
    CheckBox:
```

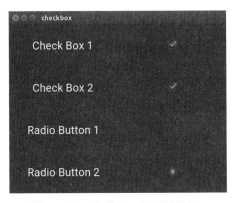

図 8.1　チェックボックスとラジオボタン

```
Label:
    text: 'Check Box 2'
CheckBox:
Label:
    text: 'Radio Button 1'
CheckBox:
    group: 'radio'
Label:
    text: 'Radio Button 2'
CheckBox:
    group: 'radio'
```

8.2.4 ToggleButton (トグルボタン)

ToggleButton (kivy.uix.togglebutton) はトグルボタンを実現するクラスである．トグルボタンの役割はラジオボタン (第 8.2.3 項) と似ていて，「押されていない」か「押されている」か，2 つの状態を取り得るが，同じグループに属するもののうち，高々 1 つしか「押されている」状態にならない．

このクラスは Button クラスを継承しているので，Button クラスのプロパティやメソッドを使うこともできる．表 8.6 に，独自プロパティのうち主なものを示す．

表 8.6 ToggleButton クラスの主なプロパティ

名前 (プロパティクラス)	初期値	概要
group (StringProperty)	None	トグルボタンのグループ
state (OptionProperty)	'normal'	トグルボタンの状態 'normal' (押されていない) もしくは 'down' (押されている)

8.2.5 Slider (スライダー)

Slider (kivy.uix.slider) は，スライド操作によって数値を入力することを可能にするスライダーを実現するクラスである．表 8.7 に，Slider の独自プロパティを示す．

8.2.6 Switch (スイッチ)

Switch (kivy.uix.switch) は，スワイプ操作によってオンとオフを切り替えるスイッチを実現するためのクラスである．主なプロパティとして active (BooleanProperty) があり，タッチ操作によってその値およびスイッチの画像が変わる．

8.2 基本的なウィジェット

表 8.7 Slider クラスの主なプロパティ

名前 (プロパティクラス)	初期値	概要
max (NumericProperty)	100	入力可能な数値の最大値
min (NumericProperty)	0	入力可能な数値の最小値
orientation (OptionProperty)	'horizontal'	スライダーの向き 'horizontal' (横) もしくは 'vertical' (縦)
step (NumericProperty)	1	スライドの刻み幅
value (NumericProperty)	0	現在の数値

8.2.7 TextInput (テキスト入力)

TextInput (kivy.uix.textinput) はテキスト入力を行うためのウィジェットクラスである. 残念ながら, TextInput を通じて日本語を入力するための機能は公式に

表 8.8 TextInput クラスの主なプロパティ

名前 (プロパティクラス)	初期値	概要
background_active (StringProperty)	'<ATLAS>/textinput_active'	フォーカスされているときの背景画像
background_color (ListProperty)	[1,1,1,1]	背景色
background_normal (StringProperty)	'<ATLAS>/textinput'	フォーカスされていないときの背景画像
font_name (StringProperty)	'Roboto'	フォントファイルの名前
font_size (NumericProperty)	15sp	文字の大きさ
foreground_color (ListProperty)	[0,0,0,1]	文字の色
input_filter (ObjectProperty)	None	入力に対するフィルタ 'int' (整数), 'float' (小数)
multiline (BooleanProperty)	True	複数行入力を認めるか否か
password (BooleanProperty)	False	パスワード入力用のウィジェットか否か (True ならば password_mask で指定された文字でマスクされる)
password_mask (StringProperty)	'*'	パスワード入力のマスクに用いられる文字
text (AliasProperty)	''	入力された文字列

はサポートされていない.

表 8.8 に TextInput クラスの独自プロパティのうち主なものを示す. この他にもカーソル操作やコピー・アンド・ペーストに関連するプロパティが提供されている. イベント処理のための on メソッドとして, 文字列が入力され, Enter キーが押されたときに呼び出される on_text_validate() などがある. この関数は複数行入力がオフ (すなわち multiline=False) のときのみ有効で, また引数は self のみである.

8.2.8 ProgressBar (プログレスバー)

ProgressBar (kivy.uix.progressbar) は, タスクの進行状況を可視化するためのウィジェットクラスで, 具体的には max プロパティ (NumericProperty, 初期値は 100) の値に対する value プロパティ (AliasProperty, 初期値は 0) の値の割合を, 青い線によって示すものである. この割合は, value_normalized プロパティ (AliasProperty) によって参照および指定することもできる.

8.2.9 Image (画像)

Image (kivy.uix.image) は画像を表示するためのウィジェットクラスである. 画像はウィジェットのバウンディングボックスの内部に表示される. 表 8.9 に, Image 独自のプロパティのうち主なものを示す.

表 8.9 Image クラスの主なプロパティ

名前 (プロパティクラス)	初期値	概要
source (StringProperty)	None	画像ファイルの名前
allow_stretch (BooleanProperty)	False	引き伸ばしを認めるか否か
anim_delay (NumericProperty)	0.25	アニメーションにおける画像 1 枚あたりの表示時間 (秒) −1 ならばアニメーション停止
anim_loop (NumericProperty)	0	アニメーションの繰り返し回数 0 ならば無限ループ
color (ListProperty)	[1,1,1]	画像の色合い
keep_ratio (BooleanProperty)	True	縦横比を保持するか否か

このうちファイル名を示す source プロパティについて, jpg や png など, 一般的に用いられる形式の画像を表示させることができる. また URL を指定すれば, ウェブ上の画像を表示させることもできる. さらに, 複数の画像ファイルを圧縮した zip ファイルを指定すれば, 画像が入れ替わるアニメーションを実現できる.

なおサブクラスである AsyncImage (kivy.uix.image) を用いれば，画像を読み込んでいる間にもプログラムを進行させることができる．したがって，ウェブ上の画像をいくつも読み込む場合など，遅延のおそれがある場合は，Image ではなく AsyncImage を使うことが推奨される．

8.3 複合的なウィジェット

8.3.1 Bubble (吹き出し)

Bubble (kivy.uix.bubble) は図 8.2 のような吹き出しを実現するためのウィジェットクラスである．GridLayout (第 8.4.2 項) を継承していて，吹き出しの内部に子ウィジェットを詰め込むことができる．表 8.10 に，独自プロパティのうち主なものを示す．

図 8.2 Bubble (吹き出し)

表 8.10 Bubble クラスの主なプロパティ

名前 (プロパティクラス)	初期値	概要
arrow_pos (OptionProperty)	'bottom_mid'	吹き出しの矢印の場所 'left_top' (左辺の上側, 以下同様), 'left_mid', 'left_bottom', 'top_left', 'top_mid', 'top_right', 'right_top', 'right_mid', 'right_bottom', 'bottom_left', 'bottom_mid', 'bottom_right'
background_color (ListProperty)	[1,1,1,1]	背景色
background_image (StringProperty)	'<ATLAS>/bubble'	背景画像
orientation (OptionProperty)	'horizontal'	子ウィジェットの詰め込み方向 'horizontal' (横) もしくは 'vertical' (縦)

Bubble の内部で用いるためのボタンとして，BubbleButton (kivy.uix.bubble) が提供されている．BubbleButton は Button のサブクラスである．Bubble の内部では通常の Button を用いることもできるが，BubbleButton の方がより適した背景画像

を持っている．
図 8.2 の吹き出しを実現する KV スクリプトを以下に示す．

```
Bubble:
    arrow_pos: 'left_bottom'
    orientation: 'vertical'
    BubbleButton:
        text: 'Yes'
    BubbleButton:
        text: 'No'
```

8.3.2　DropDown (ドロップダウン)

DropDown (kivy.uix.dropdown) を用いれば，任意のウィジェットをドロップダウン表示させることができる．図 8.3 に DropDown のスクリーンショットを示す．ボタンのタッチを離すと，ボタンの下にドロップダウン表示が現れる．ドロップダウンの対

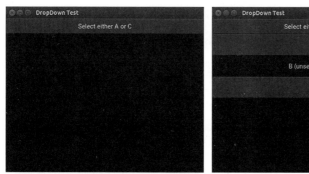
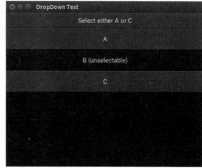

　　　当初の状態　　　　　　　　　ボタンをタッチして離す

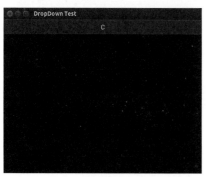

　　　C を選択

図 8.3　DropDown (ドロップダウン)

象は 2 つのボタンと 1 つのラベルである．

表 8.11 に DropDown の主なプロパティを，表 8.12 に主なメソッドをそれぞれ示す．また，図 8.3 のドロップダウンを実現するための Python スクリプトをコード 8.1，デフォルト名 KV ファイル (dropdown.kv) に書かれた KV スクリプトをコード 8.2 にそれぞれ示す．

表 8.11 DropDown クラスの主なプロパティ

名前 (プロパティクラス)	初期値	概要
attach_to (ObjectProperty)	None	ドロップダウンを取り付けたウィジェット
auto_dismiss (BooleanProperty)	True	ドロップダウンの外をタッチすることで閉じるか否か
auto_width (BooleanProperty)	True	ドロップダウンの幅を，取り付けたウィジェットの幅と同じにとるか否か
dismiss_on_select (BooleanProperty)	True	ドロップダウン内のウィジェットを選択することで閉じるか否か

表 8.12 DropDown クラスの主なメソッド

名前と引数	返り値	概要
dismiss()	−	ドロップダウンを閉じる
open(*wid*)	−	ドロップダウンを，*wid* ウィジェットに取り付けて開く
select(*data*)	−	*data* を選択 (*data* は何の値でもよい)
on メソッド		
名前と引数		いつコールバックされるのか
on_select(*data*)		select() の実行後，*data* は select に渡された引数
on_dismiss()		ドロップダウンが閉じたとき

コード 8.1 DropDown (図 8.3) の Python スクリプト

```python
from kivy.app import App
from kivy.uix.button import Button
from kivy.uix.dropdown import DropDown

class MyDropDown(DropDown):
    def on_select(self, data):
        self.attach_to.text = data

class MyButton(Button):
    dropdown = None
    def __init__(self, **kwargs):
        super(MyButton, self).__init__(**kwargs)
```

```
13      self.dropdown = MyDropDown()
14
15    def on_release(self):
16      self.dropdown.open(self)
17
18 class dropdownApp(App):
19    title = 'DropDown Test'
20
21 dropdownApp().run()
```

コード 8.2 DropDown (図 8.3) の KV スクリプト

```
1  MyRoot:
2  <MyRoot@BoxLayout>:
3     orientation: 'vertical'
4     MyButton:
5        text: 'Select either A or C'
6     Label:
7        size_hint_y: 9
8
9  <MyDropDown>:
10    Button:
11       text: 'A'
12       size_hint_y: None
13       height: 50
14       on_press: root.select(self.text)
15    Label:
16       text: 'B (unselectable)'
17       size_hint_y: None
18       height: 50
19    Button:
20       text: 'C'
21       size_hint_y: None
22       height: 50
23       on_press: root.select(self.text)
```

　一般のウィジェットが add_widget() によってウィジェットツリーに組み込まれるのとは異なり，DropDown は open() メソッドによって開かれる．このとき open() の引数として，ドロップダウンを「取り付ける」ウィジェットを渡す必要がある．図 8.3 の場合，ドロップダウンが取り付けられるのは画面上部のボタンである．

　このプログラムのポイントを以下に述べる．

- このプログラムのルートウィジェットは，KV スクリプト (コード 8.2) の先頭で与えられている MyRoot ウィジェットである．ルートウィジェットは MyButton

8.3 複合的なウィジェット

と Label を子に持つが, Label は余白を取るためのものである.
- MyButton は Button のサブクラスである (コード 8.1 の 9 行目). その `__init__()` メソッド (11 行目) において, MyDropDown ウィジェットを生成し, dropdown 属性に渡している.
- 15 行目の on_release() メソッドにより, MyButton からタッチを離すと, MyDropDown ウィジェットが開く. このようにドロップダウンを開くには open() メソッドを用いるが, その引数には, ドロップダウンを取り付けるウィジェット (この場合は MyButton ウィジェット自身) を渡す.
- KV スクリプト (コード 8.2) の後半は, MyDropDown の構成である. このうち 2 つの Button をタッチしたときに呼び出される select() メソッド (14, 23 行目) は, 当該ボタンが選ばれたことを MyDropDown に伝えるためのメソッドである. 適当なデータ, たとえばこの例のようにボタン上の文字列を引数として呼び出すとよい. select() が終了すると, そのイベントに対してバインドされた on_select() が呼び出される.
- その on_select() は Python スクリプト (コード 8.1) の 6 行目以降に記述されている. 引数 data には, タッチした Button の文字列が渡されている. したがって, ドロップダウンを取り付けたウィジェット (attach_to プロパティに入っている) である MyButton ウィジェットの text プロパティに data が渡される.

DropDown は開くときの処理, ウィジェットが選択されたときの処理を自分で書く必要がある. 柔軟性に富むとも言えるが, 場合によってはわずらわしいかもしれない. ドロップダウンの対象が Button のみの場合は, その用途に特化した Spinner を用いるほうが便利である. Spinner は次項で説明する. また, ドロップダウンの対象が特定のデータとリンクし, データの更新に対して動的に変化する場合は, RecycleView (第 8.3.5 項) を用いるとよい.

8.3.3 Spinner (スピナー)

Spinner (kivy.uix.spinner) は, DropDown 同様, ドロップダウン形式の表示をサポートするウィジェットである. ただし, DropDown が任意のウィジェットを表示できるのに対し, Spinner は Button を表示することに特化している. したがって, ユーザに選択肢の中から 1 つを選んでもらうときなどに用いるとよい. ただし Spinner の実装には DropDown が使われているものの, 直接継承しているわけではない. Spinner が継承しているのは Button である.

図 8.4 に Spinner のスクリーンショットを示す. 当初の状態は通常のボタンそのものだが, タッチすると選択肢が現れ, そのうち 1 つをタッチすると, タッチされた値がボタンの上に表示される.

図 8.4 Spinner (スピナー)

Spinner は Button のサブクラスなので, Button のプロパティが利用可能である. このほか, スピナーが開いているか否かを示す is_open (BooleanProperty) や, 選択肢を表す values (ListProperty) などがある. ただし values の要素は文字列でなければならない.

以下の KV スクリプトは図 8.4 のスピナーを実現する. on_text() メソッドはスピナーの text プロパティの値に変化があったときにコールバックされ, 選ばれた値が端末に出力される.

```
Spinner:
    text: 'Select one'
    values: 'A', 'B', 'C', 'D'
    on_text:
        print(self.text)
```

8.3.4 ModalView (モーダルビュー)

ModalView (kivy.uix.modalview) は，主となる画面を透過表示しながら，その上に別の小画面 (ビュー) を表示させるときなどに用いられるウィジェットクラスである．図 8.5 にそのスクリーンショットを示す．ボタンをタッチすると，モーダルビューが開く．

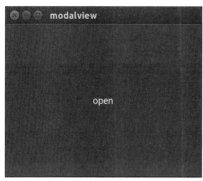 

ボタンをタッチ　　　　　　　　　　モーダルビューが開く

図 8.5　ModalView (モーダルビュー)

ModalView は AnchorLayout レイアウト (第 8.4.4 項) のサブクラスなので，そのプロパティが利用可能である．たとえば size_hint プロパティなどは，ビュー部分のサイズに関わるものなので，しばしば使うことになるだろう．表 8.13 に，ModalView の独自プロパティのうち主なものを示す．

表 8.13　ModalView クラスの主なプロパティ

名前 (プロパティクラス)	初期値	概要
auto_dismiss (BooleanProperty)	True	ビューの外側をタッチすることで閉じるか否か
background (StringProperty)	'<ATLAS>/modalview-background'	ビューの背景画像
background_color (ListProperty)	[0,0,0,0.7]	ビューの外側の色
border (ListProperty)	[16,16,16,16]	background の画像の縁の大きさ

モーダルビューは他の多くのウィジェットと異なり，ウィジェットツリーに組み込むことなく用いる．モーダルビューを開くには，

```
view = ModalView()
```

としてウィジェットを生成し，

```
view.open()
```

のように open() メソッドを実行する．また閉じるときは，

```
view.dismiss()
```

のように dismiss() メソッドを実行する．auto_dismiss プロパティの値が True のときは，ビューの外側がタッチされた場合にもモーダルビューは閉じる．

モーダルビューが開くというイベント，および閉じるというイベントに対して，on_open() および on_dismiss() がそれぞれバインドされている．必要に応じてこれらの関数をオーバーライドするとよい．

図 8.5 のモーダルビューを実現するソースコードを示す．まず Python スクリプト (の一部) を示す．

```
class MyRoot(Button):
    def __init__(self, **kwargs):
        super(MyRoot, self).__init__(**kwargs)
        self.view = Factory.MyView()
```

続いて KV ファイル (デフォルト名) を示す．

```
MyRoot:
    text: 'open'
    on_press:
        self.view.open()
<MyView@ModalView>:
    auto_dismiss: False
    size_hint: 0.5,0.5
    BoxLayout:
        orientation: 'vertical'
        Label:
            text: 'Press the button'
        Button:
            text: 'OK'
            on_press:
                root.dismiss()
```

このプログラムでは MyRoot ウィジェットがルートウィジェットである．MyRoot は Button のサブクラスだが，ウィジェットが生成されるとき，__init__() メソッドにおいて view 属性に MyView ウィジェットが渡される (MyView は KV スクリプトで定義された動的クラスで，ModalView のサブクラス)．MyView ウィジェットが開くのは MyRoot ボタンがタッチされたときで，閉じるのはモーダルビュー上の OK ボタンが

タッチされたときである (それぞれの on_press() メソッドを見よ). 上で述べたとおり, ModalView は AnchorLayout のサブクラスなので, この例のように子ウィジェットを追加することができる.

なお ModalView のサブクラスとして Popup (kivy.uix.popup) が提供されている. Popup ではタイトルを容易に入れることができる (title プロパティに文字列をわたす). また, タイトルと内容を隔てる境界線が自動的に引かれる.

8.3.5 RecycleView (リサイクルビュー)

RecycleView (kivy.uix.recycleview) を用いれば, 大きなデータ (たとえば大人数の名簿など) のうち興味の対象となる部分だけを「うまく」表示することができる. このクラスはモデル・ビュー・コントローラ (Model-View-Controller, MVC) デザインパターンに基づいて設計されている. MVC とは, モデル (データ) を取り扱うソフトウェアにおいて, ユーザに直接モデルを取り扱わせるのではなく, 両者の間にコントローラとビューを介在させ, ユーザがコントローラを通じてモデルを処理し, ビューを通じてモデルの状態を確認できるようにしようというデザインパターンである.

RecycleView では, コントローラに相当する部分は独自に実装する必要があるものの, モデルを更新すれば, ビューが自動的に更新されるようになっている. モデルとは, 具体的には辞書のリストである data プロパティだが, 個々の辞書がデータの単位であり, それぞれについてビュー (viewclass プロパティで指定されるクラスのウィジェット) が割り当てられる. また ScrollView を継承しているため, リストのサイズが大きく, ビューがウィンドウに収まりきらない場合でも, スクロール操作による表示が可能である. さらに, すべての辞書について個別にビューが生成されるのではなく, 画面に表示されるものについてのみ, ビューが保持されるようになっている. これによってメモリを過剰に消費することから免れられる.

残念ながら RecycleView および関連クラスは開発途上のものがほとんどであり, 今後その細部に修正が加えられる可能性が小さくない. 公式サイトのマニュアルも不十分である. ここではサンプルプログラムを通じて, RecycleView を用いてどのようなことができるのか, その基本的なところを述べるに留める.

コード 8.3 にサンプルプログラムの Python スクリプト, コード 8.4 に KV スクリプト (デフォルト名の KV ファイル) をそれぞれ示す. また, 図 8.6 にこのプログラムのスクリーンショットを示す.

コード 8.3　RecycleView (図 8.6) の Python スクリプト

```
1  from kivy.app import App
2  from kivy.uix.button import Button
3
```

```
class AddButton(Button):
    text = 'Add'
    def on_press(self):
        root = App.get_running_app().root
        s = root.ids['ti'].text
        root.ids['rv'].data.append({'key': root.key, 'text': s, 'group': '
view'})
        root.key += 1
        root.ids['ti'].text = ''

class RemoveButton(Button):
    text = 'Remove'
    def on_press(self):
        root = App.get_running_app().root
        V = [v for v in root.ids['box'].children if v.state == 'down']
        if V == []: return
        view = V[0]
        view.state = 'normal'
        D = [d for d in root.ids['rv'].data if d['key'] == view.key]
        root.ids['rv'].data.remove(D[0])

class rvApp(App):
    title = 'RecycleView Test'

rvApp().run()
```

コード 8.4 RecycleView (図 8.6) の KV スクリプト

```
Root:
<Root@BoxLayout>:
    orientation: 'vertical'
    key: 0
    BoxLayout:
        size_hint_y: 0.2
        TextInput:
            id: ti
            multiline: False
        AddButton:
        RemoveButton:
    RecycleView:
        id: rv
        viewclass: 'ToggleButton'
        RecycleBoxLayout:
            id: box
```

```
17          orientation: 'vertical'
18          default_size_hint: 1, None
19          default_size: None, dp(45)
20          size_hint_y: None
21          height: self.minimum_height
22          spacing: 5
23          padding: 10
```

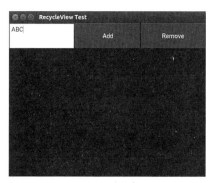

テキストを入力　　　　　　Add をタッチするとビューが追加
　　　　　　　　　　　　　(ビューはトグルボタン)

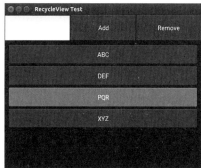

ビューを選択 (ここでは PQR)　　Remove をタッチすると選択されたビューが削除

図 8.6　RecycleView (リサイクルビュー)

このサンプルプログラムのウィジェットツリーは KV スクリプトによって生成される．ウィジェットツリーを図 8.7 に示す．RecycleView を使う上で特に重要なのは以下の 3 点である．

data プロパティ：　データを保持するためのプロパティ (`AliasProperty`)．その実体は辞書のリストで，個々の辞書がデータの単位に対応し，ビュー (後述す

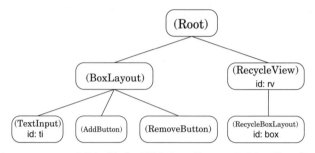

図 **8.7** RecycleView のサンプルプログラム (コード 8.3, 8.4) のウィジェットツリー

る viewclass プロパティで定められるクラスのウィジェット) が割り当てられる．また辞書のキーは，そのままビューのプロパティとなる．

viewclass プロパティ： ビューのクラスを指定するために用いられるプロパティ (AliasProperty)．このプログラムでは ToggleButton が用いられている (コード 8.4, 14 行目)．文字列で指定することに注意．

子ウィジェット： RecycleView は子ウィジェットを高々 1 つ持つことができ，その中にビューが配置される．一般にはレイアウトを子として持たせるが，このプログラムでは RecycleBoxLayout (kivy.uix.recycleboxlayout) が用いられている (コード 8.4, 15 行目)．RecycleBoxLayout は，BoxLayout を RecycleView の中で使うために拡張されたものである．

MVC デザインパターンにおけるコントローラは，画面上部のテキストインプットおよび 2 つのボタンが対応する．テキストインプットに文字列を入力し，AddButton をタッチすると，ビュー (トグルボタン) が追加される．ビューの文字列 (text プロパティ) として，入力された文字列が用いられる．またビューをタッチし，RemoveButton をタッチすると，選択されたビューが削除される．

AddButton の on_press() メソッドの処理を解説する．

- root にルートウィジェット (コード 8.3, 7 行目)，s に TextInput に入力された文字列 (同 8 行目) が渡される．
- RecycleView の data プロパティに，新しい辞書が追加される (同 9 行目)．この辞書は key, text, group の 3 つのキーに対して値を持つが，これにより，この辞書に対応するビューは，同名のプロパティに対して同じ値を取ることになる．
  - key キーには root.key が渡される．root.key はルートウィジェットの key プロパティ (コード 8.4 の 4 行目で定義) だが，これはデータの通し番号の役割を果たす．
  - text キーには文字列 s が渡されるが，これにより，ビュー (トグルボタン) の text プロパティの値は s となり，結果としてビューには TextInput に入力

した文字列が表示される.
 – group キーにはグループ名 'view' が渡される. すべてのビューが同じグループに属することになるため, トグルボタンの性質より (第 8.2.4 項), ビューが複数存在する場合, そのうち高々 1 つしか選択することができない.
• 辞書が追加されると, それに対応するビューが自動的に生成される. ビューのクラスは RecycleView の viewclass プロパティにわたしたクラスで (コード 8.4, 14 行目), ここでは ToggleButton である.

一方 RemoveButton の on_press() メソッドでは, 選択されたビュー, すなわち state プロパティの値が 'down' であるようなビューに対して (コード 8.3, 17 行目), それに対応する辞書を data から削除する (同 22 行目). data から辞書を削除すると, 対応するビューは自動的に削除される.

なお RecycleView は Kivy 1.10.0 で新しく導入されたもので, ListView (kivy.uix.listview) の後継の役割を果たす. 以下に示すクラスは開発が打ち切られ, 将来のバージョンでは使用できなくなる見込みである.

• AbstractView (kivy.uix.abstractview)
• Adapters (kivy.adapters)
• DictAdapter (kivy.adapters.dictadapter)
• ListAdapter (kivy.adapters.listadapter)
• List Item View Argument Converters (kivy.adapters.args_converter)
• ListView (kivy.uix.listview)
• SelectableDataItem (kivy.adapters.models)
• SelectableView (kivy.uix.selectableview)
• SimpleListAdapter (kivy.adapters.simplelistadapter)

8.3.6　TabbedPanel (タブパネル)

TabbedPanel (kivy.uix.tabbedpanel) は, タブを表示し, タブがタッチされるとそれに対応したウィジェットを表示するためのウィジェットクラスである. 図 8.8 にそのスクリーンショットを示す. タブパネルはタブ領域とコンテンツ領域に分けられるが, この図ではタブ領域はタブパネルの右下にある.

TabbedPanel の主な独自プロパティを表 8.14 に示す. また, 図 8.8 を実現するための KV スクリプトを以下に示す.

```
<MyTabbedPanel>:
    tab_pos: 'bottom_right'
    do_default_tab: False
    TabbedPanelItem:
```

Tab A をタッチ

Tab B をタッチ

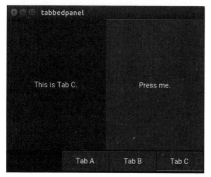
Tab C をタッチ

図 8.8 TabbedPanel (タブパネル)

```
    text: 'Tab A'
    Label:
        text: 'This is Tab A.'
TabbedPanelItem:
    text: 'Tab B'
    Button:
        text: 'This is Tab B.'
TabbedPanelItem:
    text: 'Tab C'
    BoxLayout:
        Label:
            text: 'This is Tab C.'
        Button:
            text: 'Press me.'
```

8.3 複合的なウィジェット　　149

表 8.14　TabbedPanel クラスの主なプロパティ

名前 (プロパティクラス)	初期値	概要
background_color (ListProperty)	[1,1,1,1]	コンテンツ領域の背景色
background_image (StringProperty)	'<ATLAS>/tab'	コンテンツ領域の背景画像
border (ListProperty)	[16,16,16,16]	background_image の縁の大きさ
current_tab (AliasProperty)	–	現在のタブ, 読み込み専用
default_tab (AliasProperty)	–	デフォルトタブ
default_tab_content (AliasProperty)	–	デフォルトタブの内容
default_tab_text (StringProperty)	'default tab'	デフォルトタブのタイトル
do_default_tab (BooleanProperty)	True	デフォルトタブを用いるか否か
tab_height (NumericProperty)	40	タブの高さ
tab_list (AliasProperty)	[]	タブのリスト
tab_pos (OptionProperty)	'top_left'	タブ領域の位置 'left_top' (左辺の上部, 以下同様), 'left_mid', 'left_bottom', 'top_left', 'top_mid', 'top_right', 'right_top', 'right_mid', 'right_bottom', 'bottom_left', 'bottom_mid', 'bottom_right'
tab_width (NumericProperty)	100	タブの幅

このように個々のタブ, およびその内容であるウィジェットは, TabbedPanelItem (kivy.uix.tabbedpanel) によって取り扱うとよい. TabbedPanelItem の text プロパティがタブのタイトルに対応し, 子ウィジェットがタブの内容となる. また子ウィジェットは content プロパティによって参照することができる. たとえば以下の表現は, タブパネル tp の現在のタブの内容を参照する.

```
tp.current_tab.content
```

デフォルトタブは一般のタブ (TabbedPanelItem クラスのウィジェット) と扱い方が異なるので注意が必要である. タイトルはデフォルトタブの text プロパティではなく, タブパネルの default_tab_text プロパティによって設定する.

```
tp.default_tab_text = 'default'
```

またその内容となるウィジェットは，default_tab.content プロパティによってではなく，default_tab_content プロパティによって取り扱う．

```
tp.default_tab_content = widget
```

8.4 レイアウト

本節で取り扱うレイアウトのスクリーンショットは，図 2.3 を参照されたい．

8.4.1 BoxLayout (一列に配置)

BoxLayout (kivy.uix.boxlayout) を用いれば，ウィジェットを一列に並べて配置することができる．表 8.15 に，BoxLayout の主なプロパティを示す．

表 8.15 BoxLayout クラスの主なプロパティ

名前 (プロパティクラス)	初期値	概要
orientation (OptionProperty)	'horizontal'	ウィジェットの並びの方向 'horizontal' (横) もしくは 'vertical' (縦)
padding (VariableListProperty)	[0,0,0,0]	レイアウトのバウンディングボックスと子ウィジェットの間隔 長さ 4 のリスト $[a,b,c,d]$ ならば，a,b,c,d はそれぞれ左，上，右，下の間隔 長さ 2 のリスト $[a,b]$ ならば，a は左右の間隔，b は上下の間隔 長さ 1 のリストならば，その唯一の値は上下左右すべての間隔
spacing (NumericProperty)	0	子ウィジェット間の間隔

8.4.2 GridLayout (格子状に配置)

GridLayout は子ウィジェットを格子状に配置するためのレイアウトである．ウィジェットは，最上行の左から順に並び，右端まで到達すると，その下の行に並ぶ．表 8.16 に，GridLayout の主なプロパティを示す．

GridLayout における size_hint プロパティの使い方を整理しておく．次の KV スクリプトの GridLayout は，2×3 格子に 6 つのボタンを配置する．このレイアウトのスクリーンショットを図 8.9 に示す．

```
<GridLayout>:
    rows: 2
    cols: 3
```

8.4 レイアウト

表 8.16 GridLayout クラスの主なプロパティ

名前 (プロパティクラス)	初期値	概要
rows (NumericProperty)	0	行の本数
cols (NumericProperty)	0	列の本数
col_default_width (NumericProperty)	0	列の幅の固定値
col_force_default (BooleanProperty)	False	列の幅として，固定値 (col_default_width) を用いるか否か
row_default_height (NumericProperty)	0	行の高さの固定値
row_force_default (BooleanProperty)	False	行の高さとして，固定値 (row_default_height) を用いるか否か
padding (VariableListProperty)	[0,0,0,0]	レイアウトのバウンディングボックスと子ウィジェットの間隔
spacing (VariableListProperty)	[0,0]	子ウィジェット間の間隔 長さ 2 のリスト $[a,b]$ ならば，a は左右の間隔，b は上下の間隔 長さ 1 のリストならば，その唯一の値は上下左右すべての間隔

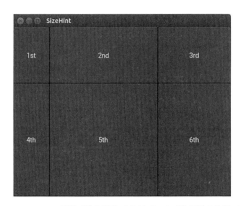

図 8.9 GridLayout の例 (行の高さの比は $1:2$, 列の幅の比は $1:3:2$)

```
Button:
    text: '1st'
Button:
    text: '2nd'
    size_hint_x: 3
Button:
    text: '3rd'
```

```
Button:
    text: '4th'
Button:
    text: '5th'
Button:
    text: '6th'
    size_hint: 2,2
```

GridLayout ではレイアウトの幅も高さも子ウィジェットに分配されるため、size_hint_x および size_hint_y プロパティは、ともに比例配分のための比を示すものとして取り扱われる。したがって、行の高さの比は 1 : 2、列の幅の比は 1 : 3 : 2 となる (size_hint_x および size_hint_y の初期値は 1 であることに注意せよ)。

8.4.3　StackLayout (積み上げて配置)

StackLayout (kivy.uix.stacklayout) を用いれば、ウィジェットをスタックのよ

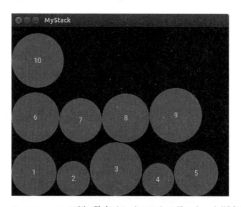

図 8.10　StackLayout の例 (数字はレイアウトの子になった順序を示す)

表 8.17　StackLayout クラスの主なプロパティ

名前 (プロパティクラス)	初期値	概要
orientation (OptionProperty)	'lr-tb'	積み上げの方式 'lr-tb' (左上から右に順に配置し、入らない場合はその下に配置、以下同様)、 'tb-lr'、'rl-tb'、'tb-rl'、'lr-bt'、'bt-lr'、'rl-bt'、'bt-rl'
padding (VariableListProperty)	[0,0,0,0]	レイアウトのバウンディングボックスと子ウィジェットの間隔
spacing (VariableListProperty)	[0,0]	子ウィジェット間の間隔

うに「積み上げて」配置することができる．単純に下から上に積み上げるだけではなく，「左下から右に配置し，入らない場合はその上に同じように配置する」ようなことも可能である．図 8.10 にそのような配置の例を示す．

表 8.17 に，StackLayout の主なプロパティを示す．

8.4.4 AnchorLayout (端や中心に配置)

AnchorLayout (kivy.uix.anchorlayout) を用いれば，バウンディングボックスの端もしくは中心にウィジェットを配置することができる．ウィジェットの横位置を指定するには anchor_x プロパティ，縦位置を指定するには anchor_y プロパティ (いずれも OptionProperty) に，それぞれ適当な文字列を渡す．anchor_x プロパティの取り得る値は'left' (左)，'center' (中央，初期値)，'right' (右)，anchor_y プロパティの取り得る値は'top' (上)，'center' (中央，初期値)，'bottom' (下) である．

用途の 1 つとして，ウィジェットの重ね合わせが考えられる．たとえば下記の MyAnchor クラスは，図 8.11 に示すように (123) と書かれたラベルが左上に付されたボタンを実現する．

```
<MyAnchor@AnchorLayout>:
    anchor_x: 'left'
    anchor_y: 'top'
    Button:
        text: 'Press me.'
    Label:
        canvas.before:
            Color:
                rgba: 1,0,0,1
            Rectangle:
                pos: self.pos
```

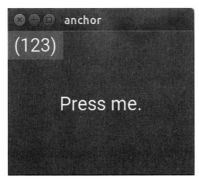

図 **8.11** AnchorLayout の例

```
            size: self.size
    size_hint: 0.3,0.2
    text_size: self.size
    halign: 'center'
    valign: 'middle'
    text: '(123)'
```

8.4.5　PageLayout (表示の切替が可能な配置)

PageLayout (kivy.uix.pagelayout) では，スワイプ操作によって，ページをめくるようにウィジェットの表示を切り替えることができる．図 8.12 にこのレイアウトを用いた配置の例を示す．ウィジェットの右端 (もしくは左端) を始点として左 (もしくは右) にスワイプすれば，次のページ (もしくは前のページ) に表示を切り替えることができる．

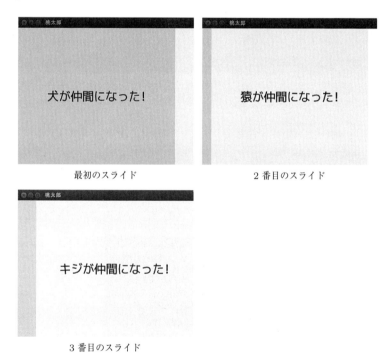

図 8.12　PageLayout の例

表 8.18 に，PageLayout の主なプロパティを示す．
図 8.12 の配置を実現する KV スクリプトをコード 8.5 に示す．この KV スクリプ

8.4 レイアウト

表 8.18 PageLayout クラスの主なプロパティ

名前 (プロパティクラス)	初期値	概要
border (NumericProperty)	50dp	画面の端に表示される，次のページ (もしくは前のページ) の見出しの幅
page (NumericProperty)	0	現在表示されているページの番号
swipe_threshold (NumericProperty)	0.5	ページを切り替えるために必要なスワイプの動きの大きさ レイアウト幅に対する割合で指定

トが返す PageLayout レイアウトは 3 つの Slide ウィジェットを子に持つ．Slide クラスは Label クラスを継承する動的クラスで (12 行目)，animal と bgcolor はいずれもこのスクリプトで新しく定義したプロパティである (それぞれ 19, 20 行目)．それぞれ動物の名前と背景色を表すもので，text プロパティ (24 行目) とキャンバス (15 行目) の中で使われている．

コード 8.5 PageLayout (図 8.12) の KV スクリプト

```
# -*- coding: utf-8 -*-
PageLayout:
    Slide:
        animal: '犬'
        bgcolor: 1,0.9,1,1
    Slide:
        animal: '猿'
        bgcolor: 0.9,1,1,1
    Slide:
        animal: 'キジ'
        bgcolor: 1,1,0.9,1
<Slide@Label>:
    canvas.before:
        Color:
            rgba: self.bgcolor
        Rectangle:
            pos: self.pos
            size: self.size
    animal: ''
    bgcolor: 1,1,1,1
    color: 0,0,0,1
    font_name: 'VL-Gothic-Regular.ttf'
    font_size: 32
    text: self.animal+'が仲間になった!'
```

8.4.6 FloatLayout (絶対座標系に基づく自由配置)

FloatLayout (kivy.uix.floatlayout) を用いれば,絶対座標系の下,サイズと位置を自由に指定してウィジェットを配置することができる.詳しくは第 2.3 節を参照されたい.

8.4.7 RelativeLayout (相対座標系に基づく自由配置)

RelativeLayout (kivy.uix.relativelayout) は FloatLayout (第 8.4.6 項) のサブクラスである. RelativeLayout では,レイアウトの左下の点を原点 (0,0) とする相対座標系が用いられる点が, FloatLayout と異なる. RelativeLayout の子孫はこの相対座標系にしたがう.レイアウト自身の位置は親の座標系にしたがうが,そのキャンバスは生成された相対座標系にしたがう.

相対座標系の中では,ウィジェットの位置のみならず,キャンバス上の座標, collide_point() メソッドの引数として与える座標,タッチイベントの座標 (pos プロパティ) など,様々なプロパティが影響を受けることに注意を払わなければならない.

このことについて理解を深めるために簡単な例を考えよう.以下の KV スクリプトは,図 8.13 (i) のような 100 × 100 の枠付き正方形を描画するだろうか.

```
FloatLayout:
    canvas:
        Color:
            rgba: 1,0,0,1
        Line:
            rectangle: 50,50,100,100
            width: 2
    RelativeLayout:
        pos: 50,50
        size_hint: None, None
        size: 100,100
        canvas:
            Color:
                rgba: 1,0,0,0.5
            Rectangle:
                pos: self.pos
                size: self.size
```

残念ながら実際に描画されるのは図 8.13 (ii) である.このスクリプトでは FloatLayout レイアウトのキャンバス上で枠を描画し (2 から 7 行目),その子である RelativeLayout レイアウトのキャンバス上で塗りつぶしを行う. FloatLayout のキャンバスに描画さ

8.4 レイアウト

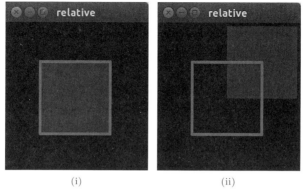

(i)　　　　　　　　　　(ii)

図 8.13 RelativeLayout の例

れる枠の左下の頂点の絶対座標は (50,50) である (6 行目). RelativeLayout レイアウトの原点の絶対座標は (50,50) だが (9 行目), そのキャンバスは相対座標系にしたがうので, 16 行目における塗りつぶしの開始位置 (self.pos) を絶対座標に変換すると,

$$(50 + 50, 50 + 50) = (100, 100)$$

となってしまう. このため (ii) のように, 枠と塗りつぶしがずれてしまうのである. これを (i) のように描画するには, 16 行目を以下のように修正するとよい.

```
        pos: 0,0
```

ある座標を別の座標系に変換するには, Widget クラスの to_local(), to_parent(), to_widget(), to_window() の各メソッドを用いると便利である (表 8.2).

8.4.8　ScatterLayout (移動や変形が可能な相対座標系)

RelativeLayout (前項) と同様, ScatterLayout (kivy.uix.scatterlayout) では相対座標系を用いるが, タッチ操作による移動や変形 (回転, スケーリング) が可能である.

厳密には, ScatterLayout は Scatter (kivy.uix.scatter) のサブクラスである. レイアウトの実体は, content プロパティに入った FloatLayout オブジェクトである. ScatterLayout レイアウトでは add_widget() や remove_widget() を他のレイアウトと同じように使うことができるが, 子ウィジェットにアクセスするには,

```
# sc = ScatterLayout()
sc.children
```

ではなく,

```
sc.content.children
```

としなければならない. 表 8.19 に, ScatterLayout クラスのスーパークラスである Scatter クラスの主な独自プロパティを示す.

表 8.19 Scatter クラスの主なプロパティ

名前 (プロパティクラス)	初期値	概要
do_rotation (BooleanProperty)	True	回転を許可するか否か
do_scale (BooleanProperty)	True	拡大縮小を許可するか否か
do_translation_x (BooleanProperty)	True	横方向への移動を許可するか否か
do_translation_y (BooleanProperty)	True	縦方向への移動を許可するか否か
rotation (AliasProperty)	0.0	回転角
scale (AliasProperty)	1.0	拡大率
scale_max (NumericProperty)	10^{20}	拡大率の最大値
scale_min (NumeticProperty)	10^{-2}	拡大率の最小値

8.5 スクリーンマネージャ

8.5.1 ScreenManager

画面切替の機能を持つウィジェットのうち, デザインに制約が無く, 切替のアニメーション効果を自由に決められるという点で最も柔軟なのが, この ScreenManager (kivy.uix.screenmanager) である. たとえば PageLayout (第 8.4.5 項) ではレイアウトの端に前後のウィジェットが表示され, Accordion (第 8.5.2 項) では切替の対象となるウィジェットがアコーディオンのように表示されるが, ScreenManager には既定のデザインは存在しない. なおこのクラス自身は FloatLayout (第 8.4.6 項) のサブクラスである.

ScreenManager ウィジェットは Screen クラス (およびそのサブクラス) のウィジェットのみを子に持つことができ, 子の間で表示を切り替えることができる. Screen クラス (kivy.uix.screenmanager) は RelativeLayout (第 8.4.7 項) のサブクラスである. したがってその中では相対座標系が用いられることに注意が必要である.

ScreenManager の使用例を示す. KV スクリプトをコード 8.6, そのスクリーンショットを図 8.14 にそれぞれ示す. ウィンドウ下部の previous ボタンをタッチする

8.5 スクリーンマネージャ

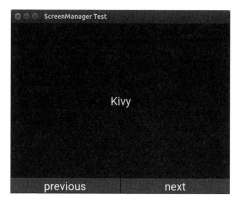

図 8.14 ScreenManager の例

と前のスクリーンに, next ボタンをタッチすると次のスクリーンに表示が切り替わる.

コード 8.6　ScreenManager (図 8.14) の KV スクリプト

```
1  #:import CardTransition kivy.uix.screenmanager.CardTransition
2
3  ScreenManager:
4      transition: CardTransition(duration=0.8, mode='pop')
5      Screen:
6          name: 'Kivy'
7      Screen:
8          name: 'is'
9      Screen:
10         name: 'so'
11     Screen:
12         name: 'fun!'
13
14 <Screen>:
15     BoxLayout:
16         orientation: 'vertical'
17         Label:
18             size_hint_y: 10
19             text: root.name
20         BoxLayout:
21             Button:
22                 text: 'previous'
23                 on_press:
24                     root.parent.current = root.parent.previous()
25             Button:
26                 text: 'next'
```

```
27      on_press:
28          root.parent.current = root.parent.next()
```

コード 8.6 のポイントを以下に述べる.

- 1 行目でインポートしている CardTransition は, スクリーン切替のアニメーション効果に関するクラスである. KV スクリプトでは kivy.uix 以下のクラスの大半はインポート無しに用いることができるが, CardTransition をはじめ, スクリーン切替のアニメーション効果に関するクラスは例外で, これらを用いるときにはインポートしなければならない.
- ウィジェットルールにより, この KV スクリプトが返すルートウィジェットは ScreenManager ウィジェットである (3 行目).
- ScrrenManager ウィジェットの transition プロパティには, 使用するアニメーション効果 (のオブジェクト) を渡す (4 行目). アニメーション効果として表 8.20 に示す 8 つのクラスが提供されているが, これらはすべて TransitionBase クラス (kivy.uix.screenmanager) のサブクラスで, 上記 KV スクリプトの 4 行目のように, 切替に要する時間を表す duration プロパティ (NumericProperty, 単位は秒) などを用いることができる.

表 8.20　スクリーン切替のアニメーションに関するクラス

名前	概要
NoTransition	アニメーション無し
SlideTransition	スライドのように切替, direction プロパティで方向を指定: 'left' (左), 'up' (上), 'right' (右), 'down' (下)
CardTransition	トランプカードのように切替, direction プロパティで方向を指定, mode プロパティでカードの位置を指定: 'push' (内), 'pop' (外)
SwapTransition	円周上にあるスクリーンが入れ替わるように切替
FadeTransition	フェードイン/アウトによる切替
WipeTransition	ワイプのように切替
FallOutTransition	現在のスクリーンが中央に消えていくように切替
RiseInTransition	次のスクリーンが中央から現れるように切替

- この ScreenManager ウィジェットは 4 つの Screen ウィジェットを子に持つ. Screen ウィジェットが持つ name プロパティは, スクリーンの識別子の役割を持つ. 各 Screen ウィジェットの name プロパティには, それぞれ異なる文字列を渡さなければならない. わかりやすさのため, name プロパティの値を Screen 上のラベルの文字列として表示している (19 行目).
- 24 行目について, root.parent は ScreenManager ウィジェットを表すが (root は Screen ウィジェット, parent はその親), current プロパティには現在のスクリーンの名前 (name プロパティ) が入る. したがって current プロパティに表示

8.5 スクリーンマネージャ

したいスクリーンの名前を渡すことで, 表示を切り替えることができる.
- 同じく 24 行目の previous() メソッドは, 現在表示されているスクリーンの, 前のスクリーンの name プロパティの値を返す. 同様に, 28 行目の next() メソッドは, 現在表示されているスクリーンの, 次のスクリーンの name プロパティの値を返す.

ScreenManager クラスの主なプロパティを表 8.21, 主なメソッドを表 8.22 にそれぞれ示す.

表 8.21 ScreenManager クラスの主なプロパティ

名前 (プロパティクラス)	初期値	概要
current (StringProperty)	None	現在のスクリーンの名前 (name プロパティ)
current_screen (ObjectProperty)	None	現在のスクリーンのオブジェクト, 読込専用 (表示切替には current を用いること)
screen_names (AliasProperty)	―	子スクリーンの名前のリスト, 読込専用
screens (ListProperty)	[]	子スクリーンのリスト, 読込専用
transition (ObjectProperty)	SlideTransition()	アニメーション効果のオブジェクト

表 8.22 ScreenManager クラスの主なメソッド

名前と引数	返り値	概要
get_screen(s)	Screen ウィジェット	名前 s を持つ子スクリーン
has_screen(s)	ブール値	名前 s を持つ子スクリーンが存在するか否か
next()	文字列	現在のスクリーンの次のスクリーンの名前
previous()	文字列	現在のスクリーンの前のスクリーンの名前

Screen クラスの主なプロパティに name (StringProperty) があり, 識別子の役割を果たす. このほか表 8.23 に示すような on メソッドを持つ.

表 8.23 Screen クラスの主な on メソッド

名前	いつ呼び出されるのか
on_pre_enter()	スクリーンに入るアニメーション効果の直前
on_enter()	スクリーンに入るアニメーション効果の直後
on_pre_leave()	スクリーンから出るアニメーション効果の直前
on_leave()	スクリーンから出るアニメーション効果の直後

8.5.2 Accordion

Accordion (kivy.uix.accordion) を用いると，アコーディオン状に連なったボタンが現れ，それらをタッチすることで，ウィジェットの表示を切り替えることができる．Accordion の使用例を示す．KV スクリプトをコード 8.7，そのスクリーンショットを図 8.15 にそれぞれ示す．なお Accordion は Widget のサブクラスである．

コード 8.7　Accordion (図 8.15) の KV スクリプト

```
Accordion:
    anim_duration: 1
    AccordionItem:
        title: 'Kivy'
        collapse: False
    AccordionItem:
        title: 'is'
    AccordionItem:
        title: 'so'
    AccordionItem:
        title: 'fun!'
<AccordionItem>:
    Label:
        text: root.title
```

図 8.15　Accordion の例

ScreenManager ウィジェットが Screen ウィジェットのみを子に持つことができるように，Accordion は AccordionItem ウィジェットのみを子に持つことができる．AccordionItem (kivy.uix.accordion) は FloatLayout のサブクラスである．

Accordion クラスの主なプロパティを表 8.24，AccordionItem クラスの主なプロパティを表 8.25 にそれぞれ示す．

8.5 スクリーンマネージャ

表 8.24 Accordion クラスの主なプロパティ

名前 (プロパティクラス)	初期値	概要
anim_duration (NumericProperty)	0.25	遷移アニメーションにかける時間 (単位は秒)
anim_func (ObjectProperty)	'out_expo'	遷移アニメーションの種類 (詳しくは kivy.animation を参照)
min_space (NumericProperty)	44	タイトルバーの最小幅 (もしくは高さ)
orientation (OptionProperty)	'horizontal'	アコーディオンの向き: 'horizontal' (横), 'vertical' (縦)

表 8.25 AccordionItem クラスの主なプロパティ

名前 (プロパティクラス)	初期値	概要
background_normal (StringProperty)	'<ATLAS>/button'	圧縮されているときのボタンの背景画像
background_selected (StringProperty)	'<ATLAS>/button_pressed'	圧縮されていないときのボタンの背景画像
collapse (BooleanProperty)	True	圧縮されているか否か
title (StringProperty)	''	ボタン上に表示されるタイトル

8.5.3 ActionBar

ActionBar (kivy.uix.actionbar) を用いると, Android におけるアクションバーに類似したウィジェットを作ることができる.

ActionBar の使用例を示す. KV スクリプトをコード 8.8, そのスクリーンショットを図 8.16 にそれぞれ示す. なお ActionBar は BoxLayout (第 8.4.1 項) のサブクラスである.

コード 8.8 ActionBar (図 8.16) の KV スクリプト

```
1 BoxLayout:
2     orientation: 'vertical'
3     FloatLayout:
4         size_hint_y: 10
5     ActionBar:
6         ActionView:
7             ActionPrevious:
8                 title: 'Your ActionBar'
9             ActionButton:
10                text: 'Button1'
11                important: False
```

```
12          ActionButton:
13              text: 'Button2'
14              important: True
15  <ActionPrevious>:
16      on_press:
17          print('Pressed.')
```

図 8.16 ActionBar の例

ScreenManager や Accordion において子ウィジェットのクラスが限定されているように，ActionBar ウィジェットは ActionView ウィジェットのみを子に持つことができる*3)．そしてさらに，この ActionView ウィジェットは，ActionItem ウィジェットのみを子に持つことができる．ActionItem クラスはアクションバー専用部品の基本クラスで，これを継承する以下のようなクラスが提供されている．

ActionButton: ActionItem と Button を継承．
ActionCheck: ActionItem と CheckBox を継承．
ActionDropDown: ActionItem と DropDown を継承．
ActionGroup: ActionItem と Spinner を継承．
ActionOverflow: ActionGroup を継承．アクションバーが小さいために，バーに入りきらないウィジェットは自動的にここに入る．
ActionPrevious: ActionItem と BoxLayout を継承．
ActionToggleButton: ActionItem と ToggleButton を継承．

いずれも ActionBar 同様，kivy.uix.actionbar からインポートすることができる．

---

*3) ContextualActionView ウィジェットを子にすることもできるが，このクラスの実体は ActionView である．

```
from kivy.uix.actionbar import ActionButton
```

これらのうち ActionPrevious は，アクションバーの左の部分のデザインに関するクラスである．このクラスはコード 8.8 でも用いられているが (7 行目と 15 行目以降)，左端へのタッチ操作に対する on_press() メソッド (16, 17 行目) や on_release() 関数を使うことができる．また「戻る」ボタンの画像ファイル名を定める previous_image プロパティ (StringProperty)，アイコンの画像ファイル名を定める app_icon プロパティ (StringProperty) などを持つ．アイコン右側の文字列は title プロパティ (StringProperty) によって定める (8 行目)．

8.5.4　Carousel

Carousel (kivy.uix.carousel) を用いれば，PageLayout (第 8.4.5 項) 同様，表示する子ウィジェットをスワイプ操作によって切り替えることができる．ただし PageLayout とは異なり，画面の端に前のページや次のページの一部が現れない．またスワイプの方向は左右だけでなく，上下に変更することもできる．スワイプの開始位置も任意である．

Carousel の使い方は PageLayout に似ている．たとえば，PageLayout レイアウトを返すコード 8.5 において，2 行目の

```
PageLayout:
```

を，

```
Carousel:
```

と変更するだけで，プログラムは正しく動作する．

Carousel クラスの主なプロパティを表 8.26 に示す．

8.5.5　ScrollView

ScrollView (kivy.uix.scrollview) を用いれば，バウンディングボックスの内部で，子ウィジェットをスクロール表示させることができる．つまり ScrollView ウィジェットは，よりサイズの大きい子ウィジェットの一部をフォーカスして表示し，ユーザーはスワイプによって表示する領域を変えることができるのである．なお，ScrollView ウィジェットは高々 1 つの子しか持つことができない．

ScrollView の取扱いで重要なのは，子ウィジェットのサイズを適切に定めることである．スクロールを行う以上，子ウィジェットのサイズは，ScrollView ウィジェットのサイズより大きいはずである．3 × 2 格子の GridLayout レイアウトに対する ScrollView ウィジェットの様子を図 8.17，そしてこのウィジェットのための KV スクリプトをコード 8.9 にそれぞれ示す．

表 8.26 Carousel クラスの主なプロパティ

名前 (プロパティクラス)	初期値	概要
anim_cancel_duration (NumericProperty)	0.3	ページ切替の中止に要する時間 (秒)
anim_move_duration (NumericProperty)	0.5	ページ切替の実行に要する時間 (秒)
anim_type (StringProperty)	'out_quad'	ページ切替アニメーションの種類 (詳しくは kivy.animation を参照)
current_slide (AliasProperty)	N/A	現在表示されているページ (子ウィジェット)
direction (OptionProperty)	'right'	次のページの方向
index (AliasProperty)	0	現在のページのインデックス
loop (BooleanProperty)	False	ページのループを許可するか否か
min_move (NumericProperty)	0.2	ページの切替に必要なスワイプの動きの大きさ (親レイアウトの幅もしくは高さに対する割合)
next_slide (AliasProperty)	N/A	次のページ
previous_slide (AliasProperty)	N/A	前のページ
slides (ListProperty)	[]	子ウィジェットのリスト

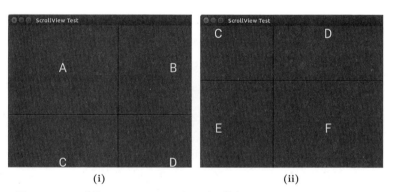

(i)   (ii)

図 8.17   3 × 2 格子の GridLayout レイアウトに対する ScrollView: GridLayout の (i) 左上の部分と (ii) 右下の部分

コード 8.9   ScrollView (図 8.17) の KV スクリプト

```
1  ScrollView:
2      GridLayout:
3          rows: 3
```

```
 4      cols: 2
 5      size_hint: 1.2, 2
 6      Button:
 7          text: 'A'
 8      Button:
 9          text: 'B'
10      # ...
11      Button:
12          text: 'F'
```

5行目ではsize_hintプロパティを用いて,GridLayoutレイアウトの幅と高さを,それぞれ親であるScrollViewウィジェットの1.2倍と2倍に定めている.この結果,両ウィジェットのサイズの関係は図8.18のようになる.太い破線で示される枠が親(ScrollViewウィジェット)を表すが,子(GridLayoutレイアウト)は,その内部にある部分のみが表示されるのである.

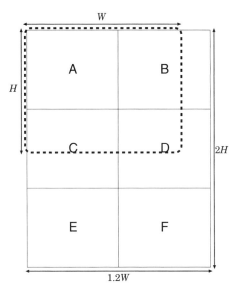

図 8.18　コード 8.9 における ScrollView ウィジェットと,子ウィジェットである GridLayout レイアウトのサイズの関係: W と H は,それぞれ ScrollView ウィジェットの幅と高さを表す

ScrollViewの主なプロパティを表8.27,onメソッドを表8.28にそれぞれ示す.このうちscroll_distance, scroll_timeoutプロパティについて補足しておく.ScrollViewウィジェットの上でタッチイベントが起きたとき,それがScrollView

表 8.27 ScrollView クラスの主なプロパティ

名前 (プロパティクラス)	初期値	概要
bar_color (ListProperty)	[0.7,0.7,0.7,0.9]	スクロール中のバーの色 (RGBA)
bar_inactive_color (ListProperty)	[0.7,0.7,0.7,0.2]	スクロールしていないときのバーの色 (RGBA)
bar_margin (NumericProperty)	0	バウンディングボックスの端とバーの間隔
do_scroll (AliasProperty)	(True, True)	(do_scroll_x, do_scroll_y) へのリファレンス
do_scroll_x (BooleanProperty)	True	横方向のスクロールを許可するか否か
do_scroll_y (BooleanProperty)	True	縦方向のスクロールを許可するか否か
scroll_distance (NumericProperty)	20	スクロール操作に必要な最小の距離 (ピクセル)
scroll_timeout (NumericProperty)	55	スクロール操作の上限時間 (ミリ秒)
scroll_type (OptionProperty)	['content']	どこでスクロール操作を有効にするか 中身 ('content') およびバー ('bar') をリストで指定
scroll_x (NumericProperty)	0	スクロールの横位置, 0 (左端) 以上 1 (右端) 以下の数値
scroll_y (NumericProperty)	1	スクロールの縦位置, 0 (下端) 以上 1 (上端) 以下の数値

表 8.28 ScrollView クラスの主な on メソッド

名前	いつ呼び出されるのか
on_scroll_start()	スクロールに関するタッチイベントが新しく検知されたとき
on_scroll_move()	スクロールに関するタッチイベントが更新されたとき
on_scroll_stop()	スクロールに関するタッチイベントが終了するとき

ウィジェットに対するスクロール操作なのか, それとも子に対するタッチ操作なのかは, この両プロパティに基づいて判定される. すなわち, scroll_timeout プロパティの値が示す時間の間に, scroil_distance プロパティの値以上の距離をタッチイベントが移動した場合, それは ScrollView ウィジェットに対するスクロール操作とみなされる. 一方そうでない場合は単純なタッチ操作とみなされ, 当該タッチイベントは子に渡される.

8.6 その他のウィジェット

これまでに紹介してきたものの他にも，Kivy では様々なウィジェットが提供されている．その一部を以下に示す．

　Camera (kivy.uix.camera)： カメラに映った映像の表示．
　CodeInput (kivy.uix.codeinput)： ソースコード入力のためのテキストボックス．
　FileChooser (kivy.uix.filechooser)： ファイルシステムの閲覧．
　Settings (kivy.uix.settings)： パラメータ設定用インターフェース．
　StencilView (kivy.uix.stencilview)： バウンディングボックスの内部に描画を限定 (外部にはみ出さないようにできる)．
　Video (kivy.uix.video)： 動画の再生．
　VideoPlayer (kivy.uix.videoplayer)： 簡易な動画プレイヤー．
　VKeyboard (kivy.uix.vkeyboard)： 文字入力のためのキーボード [*4]．

このほか後継のクラスが開発されたために使用されなくなったウィジェットや，開発途上のウィジェットもライブラリに含まれている．

本節では Camera, Video, VideoPlayer を手短に紹介する．Settings は，アプリおよび Kivy の実行環境に関するパラメータをユーザーが設定するのに有用だが，第 7.1.3 項を参照されたい．

8.6.1　Camera (カメラ)

Camera (kivy.uix.camera) を用いれば，カメラに映った映像を表示させることができる．さらに，Widget クラスの export_to_png() メソッド (表 8.2) を用いることで，映像をキャプチャし，画像ファイルとして保存することもできる．Camera クラスのプロパティを表 8.29 に示す．当然のことだが，Camera を用いるにはカメラが環境に接続していなければならない．また，OpenCV 2.0 など適切なライブラリをインストールしておく必要がある [*5]．

Camera を用いた KV スクリプトの例をコード 8.10，そのスクリーンショットを図 8.19 に示す．このプログラムでは，画面下部にある 2 つのボタンのうち，左側のトグルボタンによってカメラのオンとオフを切り替え，右側の Capture ボタンによって映像

[*4]　Kivy では TextInput ウィジェットがフォーカスされると，環境に適したキーボードが自動的に利用可能となる．このため，VKeyboard が必要とされる機会は多くはないだろう．
[*5]　pip でインストール可能．

表 8.29 Camera クラスのプロパティ

名前 (プロパティクラス)	初期値	概要
index (NumericProperty)	-1 (自動)	カメラのインデックス (0 以上の整数)
play (BooleanProperty)	True	カメラを作動させるか否か
resolution (ListProperty)	[-1,-1] (自動)	解像度

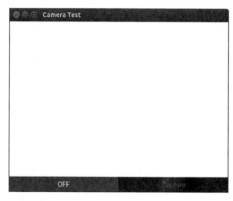

図 8.19 Camera を用いたプログラム (コード 8.6) のスクリーンショット

のキャプチャを行う. カメラがオンのとき, つまりトグルボタンの state プロパティの値が 'down' のとき, 映像のキャプチャを行うことができる (15 行目).

コード 8.10 Camera を用いた KV スクリプトの例

```
BoxLayout:
    orientation: 'vertical'
    Camera:
        id: camera
        size_hint_y: 10
        play: False
    BoxLayout:
        ToggleButton:
            id: tb
            text: 'ON' if self.state=='down' else 'OFF'
            on_state:
                if self.state=='down': camera.play = True
                else: camera.play = False
        Button:
            disabled: False if tb.state=='down' else True
```

```
16        text: 'Capture'
17        on_release:
18            camera.export_to_png('capture.png')
```

8.6.2　Video, VideoPlayer (動画)

Video (kivy.uix.video) を用いれば, 動画を再生することができる. MPEG をはじめ, MKV, OGV, AVI, MOV, FLV など, 主要なフォーマットのほとんどに対応している (ただし適切に動かすには, 必要なプラグインやコーデックが環境に備えられていなければならない). Video クラスの主なプロパティを表 8.30 に示す.

表 8.30　Video クラスの主なプロパティ

名前 (プロパティクラス)	初期値	概要
duration (NumericProperty)	-1	動画の長さ (秒), ロード後に実際の長さが代入
eos (BooleanProperty)	False	再生が終了したか否か
loaded (BooleanProperty)	False	再生の準備を終えたか否か
options (ObjectProperty)	[]	Video コアオブジェクトに渡すオプション
position (NumericProperty)	-1	現在の再生位置, 0 以上 duration 以下の値
state (OptionProperty)	'stop'	再生の状態: 'play' (再生), 'stop' (停止), 'pause' (一時停止)
volume (NumericProperty)	1	音量の大きさ, 0 (ミュート) 以上 1 (最大音量) 以下の値

図 8.20　VideoPlayer

VideoPlayer (kivy.uix.videoplayer) は Video を利用した簡易な動画プレイヤーである．図 8.20 にそのスクリーンショットを示す．再生や停止のためのボタン，音量をミュートにするためのボタン，動画の進行具合を示すプログレスバーなどが備えられている．

付録 A

グ　ラ　フ

　グラフ G は, 頂点の集合 V と, 辺と呼ばれる頂点対の集合 E によって定義され, $G = (V, E)$ のように書く. 辺 $e = \{x, y\} \in E$ が存在するとき, x と y は隣接するという. また, e の端点は x と y であるという.

　図 A.1 にグラフの例を 2 つ示す. グラフ G_1 における頂点集合は $V = \{p, q, s, t, u, v, w\}$ で, 辺集合は $E = \{1, \ldots, 9\}$ である. 頂点 p と頂点 q は隣接するが, 頂点 p と頂点 t は隣接しない. また辺 1 の端点は p と q である.

　マッチングとは, 辺の部分集合であって, どの 2 辺も端点を共有しないようなものである. たとえば辺の集合 $\{3, 7\}$ はマッチングだが, $\{5, 7\}$ はマッチングでない (頂点 t を共有するから). 最大マッチングとは, マッチングのうち, 位数 (辺の本数) が最大となるようなものを指す. グラフ G_1 では, たとえば $\{2, 4, 9\}$ が最大マッチングの 1 つである.

　グラフ $G = (V, E)$ のある頂点 v_1 を始点とし, 辺をなぞって得られる頂点の系列を $v_1, \ldots, v_k$ とする. これらの頂点 $v_1, \ldots, v_k$ が相異なるとき, この系列を v_1 から v_k への路という. また $v_1 = v_k$ かつ $v_1, \ldots, v_{k-1}$ が相異なるとき, この系列を閉路という. 任意の 2 頂点の間に路が存在するとき, G は連結グラフと呼ばれる.

　図 A.1 において, G_1 には p, q, t, s, p のような閉路が存在するが, G_2 には閉路は存在しない. また 2 つのグラフはともに連結である.

　閉路を持たない連結グラフを木という. したがってグラフ G_2 は木である. 木においては, 任意の 2 つの頂点の間に路がただ 1 つ存在することが知られている. 2 つの頂点の間の距離を, その唯一の路に含まれる辺の本数と定義する. 木 G_2 において, たとえば頂点 r と頂点 b

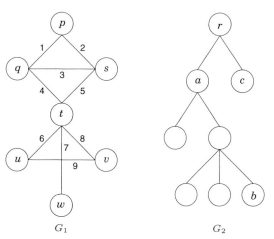

図 **A.1** グラフの例

の距離は 3 である.

　根と呼ばれる特殊な頂点が唯 1 つ存在する木を,根付き木という.本書に現れる木はすべて根付き木である.木 G_2 では頂点 r を根としているが,本書ではこの図のように,根を最も上に描き,根から (距離の意味で) 近い頂点を順に下に描く.また,根からの距離が等しい頂点同士は同じ階層に描く.このような描画の下,頂点間の親子関係が自然に定まる.たとえば頂点 r は頂点 a の親であり,同様に頂点 a は頂点 r の子である.また頂点 a は頂点 b の先祖であり,同様に頂点 b は頂点 a の子孫である.頂点 a と頂点 c は互いに兄弟の関係にある.頂点 b と頂点 c は,上に挙げたいずれの関係にもない.根付き木において,子を持たない頂点を葉という.一方,葉ではない頂点を内点という.

付録 B

アトラス

　アトラスとは，複数の画像を 1 枚，あるいはわずかな枚数の画像にまとめ，必要に応じて切り出して使用するための仕組みで [*1)]，多数の画像を使用する場合に，読み込む画像ファイルの数を減らし，計算資源を節約するために用いられる．複数の画像がまとめられた画像をアトラス画像と呼ぶ．Kivy におけるデフォルトの画像がまとめられたアトラス画像ファイル defaulttheme-0.png を図 B.1 に示す．

　アトラスは，1 つ以上の画像ファイルと，それぞれの画像ファイルのどの部分がどの画像に対応するかを示す JSON ファイルから成る．JSON ファイル名を base.atlas とすると，その書式は以下のようなものとなる．

```
{
  "base-(添字).png": {
    "id1": [x, y, width, height],
```

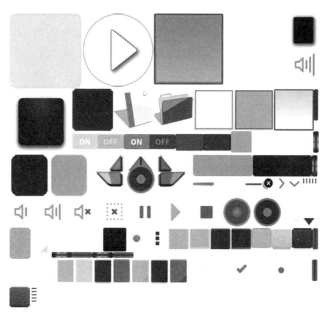

図 B.1　デフォルトのアトラス画像ファイル defaulttheme-0.png

[*1)]　テクスチャアトラスともいう．

```
        "id2": [x, y, width, height],
        # ...
    },
    # ...
}
```

すなわち, base-(添字).png が画像ファイルであり, 個々の画像には id1, id2, ... のようなキーが与えられる. そしてそれぞれの元画像の開始位置 (左下の座標) が x と y, 幅と高さが width と height で指定される.

デフォルトのデザインに関するアトラスは<KIVY_PATH>/data/images/ 以下にある. その JSON ファイルは defaulttheme.atlas で, アトラス画像ファイルは図 B.1 に示した defaulttheme-0.png である. defaulttheme.atlas の一部を抜粋する.

```
{
    "defaulttheme-0.png":
        # ...
        "button": [142, 82, 29, 37],
        # ...
        "button_pressed": [173, 82, 29, 37],
        # ...
}
```

画像ファイル名を指定するプロパティで上記 button インデックスの画像を使用するには,

```
atlas://data/images/defaulttheme/button
```

のように文字列を指定する. なお button キーの画像と button_pressed キーの画像はそれぞれ, Button クラスにおける background_normal プロパティと background_down プロパティのデフォルトの画像として用いられる.

また Kivy にはアトラス画像を自動生成する機能が備えられている. 詳しくは API リファレンスの kivy.atlas の項 [*2] を参照されたい.

[*2] https://kivy.org/docs/api-kivy.atlas.html

索　引

A

AccordionItem ウィジェット　162
Accordion クラス　17, 162
ActionBar クラス　18, 163
ActionItem ウィジェット　164
ActionView ウィジェット　164
add_json_panel() メソッド (Settings クラス)　109
add_widget() メソッド (Widget クラス)　21, 47, 157
adddefaultsection() メソッド (ConfigParser オブジェクト)　103
Anaconda 環境　9
AnchorLayout レイアウト　17, 153
Android　1, 3, 120
Animation クラス　114
app (KV 言語)　54
App Store でアプリを公開　123
App クラス　19, 98
　build() メソッド　19, 50, 98
　build_config() メソッド　103
　build_settings() メソッド　108
　config プロパティ　104
　get_application_config() メソッド　102
　get_running_app() メソッド　54, 101
　icon プロパティ　100
　load_config() メソッド　98, 103
　load_file() メソッド　50
　load_kv() メソッド　98
　on_pause() メソッド　100
　on_resume() メソッド　100
　open_settings() メソッド　109
　root 属性　81, 99, 101
　run() メソッド　19, 50, 98
　settings_cls プロパティ　109
　title プロパティ　19, 100
　use_kivy_settings プロパティ　109
args リスト (KV 言語)　56
AsyncImage ウィジェット (Image)　135

B

bezier リスト (Line (線))　75
bind() メソッド (Widget クラス)　37
Board クラス (魔方陣パズル)　83
BorderImage 命令 (縁付き画像)　76
BoundedNumericProperty クラス (プロパティクラス)　36
BoxLayout レイアウト　16, 20, 150
　orientation プロパティ　20
Bubble ウィジェット (吹き出し)　135
build() メソッド (App クラス)　19, 23, 50, 98
build_config() メソッド (App クラス)　103
build_settings() メソッド (App クラス)　108
Builder クラス　48
　load_file() メソッド　48
　load_string() メソッド　49
　unload_file() メソッド　60
Buildozer　119, 120
Button ウィジェット　15, 23, 128

178　　　　　　　　　索　　引

on_press() メソッド　23, 130
on_release() メソッド　23, 130
背景色　130

C

Camera クラス　169
cancel() メソッド (ClockEvent クラス)　40
canvas.after 属性 (Widget クラス)　66, 95
canvas.before 属性 (Widget クラス)　66
Canvas クラス　66
canvas 属性 (Widget クラス)　66
Carousel クラス　18, 165
center プロパティ (Widget クラス)　28
center_x プロパティ (Widget クラス)　28
center_y プロパティ (Widget クラス)　28
CheckBox ウィジェット　15, 130
　group プロパティ　131
CheckView クラス (魔方陣パズル)　85
children リスト (Widget クラス)　21, 42, 54
circle リスト (Line (線))　74
clear_widgets() メソッド (Widget クラス)　21, 81
Clock.schedule_interval() 関数 (Clock クラス)　40
Clock.schedule_once() 関数 (Clock クラス)　40
Clock.unschedule() 関数 (Clock クラス)　40
ClockEvent クラス　40
　cancel() メソッド　40
Clock クラス　38
　Clock.schedule_interval() 関数　40
　Clock.schedule_once() 関数　40
　Clock.unschedule() 関数　40
collide_point() メソッド (Widget クラス)　42, 156
Color 命令　66, 68
Config　106
config.ini　106
ConfigParser オブジェクト　103
　adddefaultsection() メソッド　103
　getdefault()　104
　setdefaults() メソッド　103

ConfigParser クラス　99, 101
configparser クラス (Python)　101
　get() メソッド　104
　write() メソッド　104
Config オブジェクト　112
config プロパティ (App クラス)　104
Const クラス (魔方陣パズル)　84
current プロパティ (ScreenManager クラス)　160

D

data プロパティ (RecycleView)　145
disabled プロパティ (Widget クラス)　45
dismiss() メソッド (ModalView クラス)　85
DrawField クラス (マッチメイカー)　91
DropDown ウィジェット　136
　open() メソッド　138

E

Edge クラス (マッチメイカー)　90
Ellipse 命令 (楕円)　66, 76
ellipse リスト (Line (線))　74

F

Factory モジュール　59, 81
FloatLayout レイアウト　17, 25, 156
font_size プロパティ (Label)　22

G

Garden　124
get() メソッド (configparser クラス)　104
get_application_config() メソッド (App クラス)　102
get_running_app() メソッド (App クラス)　54, 101
getdefault() (ConfigParser オブジェクト)　104
Google Play で公開　121
GoToButton クラス (魔方陣パズル)　82

索　引

GridLayout レイアウト　16, 150
　size_hint_x プロパティ　152
　size_hint_y プロパティ　152
　group プロパティ (CheckBox)　131

H

height(Widget クラス)　26
Homebrew　10
HSV モデル　68

I

icon プロパティ (App クラス)　100
id (KV 言語)　54
ids (KV 言語)　55
Image ウィジェット　16, 76, 134
　AsyncImage ウィジェット　135
　画像が入れ替わるアニメーション　134
index　42
__init__() メソッド　23, 61, 62
ini ファイル　98, 101
　書込み　104
　デフォルト名　102
　読込み　103
iOS　1, 122

J

Java　1–3
JSON　107, 108, 116

K

Kivy　1
　Kivy モジュール　110
　PPA (Personal Package Archive)　10
　インストール　8
　環境変数　110
　関連プロジェクト　119
　公式サイト　1
　パラメータ設定　104
　ライブラリ　10

Kivy Launcher　120
Kivy-iOS　2, 119, 122
Kivy モジュール (Kivy)　110
KV 言語　4, 7, 47
　app　54
　id　54
　ids　55
　on メソッド　63
　root　54
　self　54
　インデント　51
　インポート　59
　コメント文　51
　定数の宣言　59
　バージョン確認　59
　プロパティ　63
KV ファイル　11, 48
　インクルード　59
　デフォルトのファイル名　48

L

Label ウィジェット　15, 22, 125
　font_size プロパティ　22
　text プロパティ　22
　タグ　127
　フォントを変える　127
　文字列の位置を調整　127
Line (線)　71
　bezier リスト　75
　circle リスト　74
　ellipse リスト　74
　rectangle リスト　73
　rounded_rectangle リスト　73
　円弧　74
　解像度 (resolution)　73
ListProperty クラス (プロパティクラス)　62
load_config() メソッド (App クラス)　98, 103
load_file() メソッド (Builder クラス)　48, 50, 52
load_kv() メソッド (App クラス)　98
load_string() メソッド (Builder クラス)

49, 52

M

magic.kv (魔方陣パズル) 80
MagicApp クラス (魔方陣パズル) 80
main.py (マッチメイカー) 86
main.py (魔方陣パズル) 79
matchmaker.kv (マッチメイカー) 87
MIT ライセンス 3
ModalView クラス 85, 97
　dismiss() メソッド 85
　open() メソッド 85
　Popup クラス 143

N

name プロパティ (Screen クラス) 161
NetworkX モジュール 96, 97, 124
next() メソッド (ScreenManager クラス) 161
NumericProperty クラス (プロパティクラス) 35, 82
NumInput クラス (魔方陣パズル) 85

O

on_pause() メソッド (App クラス) 100
on_press() メソッド (Button ウィジェット) 23, 130
on_release() メソッド (Button ウィジェット) 23, 130
on_resume() メソッド (App クラス) 100
on_touch_down() メソッド 41, 94
on_touch_move() メソッド 41, 95
on_touch_up() メソッド 41, 96
on メソッド 37, 55, 61, 63
open() メソッド (DropDown ウィジェット) 138
open() メソッド (ModalView クラス) 85
open_settings() メソッド (App クラス) 109
orientation プロパティ (BoxLayout レイアウト) 20

P

PageLayout レイアウト 17, 154
parent 属性 (Widget クラス) 21, 54
pip 8, 10
Point 命令 (正方形) 70
Popup クラス (ModalView クラス) 143
pos プロパティ (Widget クラス) 28
pos_hint プロパティ (Widget クラス) 28
previous() メソッド (ScreenManager クラス) 161
ProgressBar ウィジェット 16, 134
property() 関数 34
Property クラス (プロパティクラス) 36
PyPI (Python Package Index) 8
Python
　configparser クラス 101

Q

Quad 命令 (四角形) 76

R

Rectangle 命令 (長方形) 75
rectangle リスト (Line (線)) 73
RecycleView ウィジェット 143
　data プロパティ 145
　viewclass プロパティ 146
RelativeLayout レイアウト 17, 25, 156
remove_widget() メソッド (Widget クラス) 21, 157
RGBA モデル 32, 68
RGB モデル 68
right プロパティ (Widget クラス) 28
root (KV 言語) 54
Root クラス (魔方陣パズル) 81
root 属性 (App クラス) 81, 99, 101
Rotate 命令 69
rounded_rectangle リスト (Line (線)) 73
run() メソッド (App クラス) 19, 50, 98

索　　引　　　　　　　　　　　　　　　　　　　　*181*

S

Scale 命令　69
ScatterLayout レイアウト　17, 25, 157
Scatter ウィジェット　157
ScreenManager クラス　17, 97, 158
　current プロパティ　160
　next() メソッド　161
　previous() メソッド　161
　スクリーン切替のアニメーション効果　160
Screen クラス　158
　name プロパティ　161
ScrollView クラス　18, 165
self (KV 言語)　54
setdefaults() メソッド (ConfigParser オブジェクト)　103
settings_cls プロパティ (App クラス)　109
Settings クラス　99, 106
　add_json_panel() メソッド　109
size_hint_x プロパティ (GridLayout レイアウト)　26, 152
size_hint_y プロパティ (GridLayout レイアウト)　26, 152
Slider　16, 132
Sound クラス　114
Spinner ウィジェット　139
StackLayout レイアウト　16, 152
state プロパティ (ToggleButton ウィジェット)　87
StringProperty クラス (プロパティクラス)　35
Swift　1–3
Switch ウィジェット　16, 132

T

TabbedPanelItem (TabbedPanel ウィジェット)　149
TabbedPanel ウィジェット　147
　TabbedPanelItem　149
　デフォルトタブ　149
TextInput ウィジェット　16, 32, 133

text プロパティ (Label)　22
Title クラス (魔方陣パズル)　82
title プロパティ (App クラス)　19, 100
ToggleButton ウィジェット　16, 87, 132
　state プロパティ　87
toolchain　122
top プロパティ (Widget クラス)　28
Triangle 命令 (三角形)　75

U

unbind() メソッド (Widget クラス)　38
unload_file() メソッド (Builder クラス)　60
UrlRequest クラス　116
use_kivy_settings プロパティ (App クラス)　109

V

VertexInstruction クラス　70
Vertex クラス (マッチメイカー)　91
VideoPlayer クラス　171
Video クラス　171
viewclass プロパティ (RecycleView)　146

W

Widget クラス　15, 125
　add_widget() メソッド　21, 47
　bind() メソッド　37
　canvas.after 属性　66
　canvas.before 属性　66
　canvas 属性　66
　center プロパティ　28
　center_x プロパティ　28
　center_y プロパティ　28
　children リスト　21, 42, 54
　clear_widgets() メソッド　21
　collide_point() メソッド　42, 156
　disabled プロパティ　45
　height プロパティ　26
　parent 属性　21, 54

索引

pos プロパティ　28
pos_hint プロパティ　28
remove_widget() メソッド　21
right プロパティ　28
size_hint_x プロパティ　26
size_hint_y プロパティ　26
top プロパティ　28
unbind() メソッド　38
width プロパティ　26
x プロパティ　28
y プロパティ　28
width プロパティ (Widget クラス)　26
Window　116
　Window オブジェクト　41, 116
　スクリーンショットを取得　116
Window オブジェクト (Window)　116
write() メソッド (configparser クラス)　104

X

x プロパティ (Widget クラス)　28
Xcode　3, 122

Y

y プロパティ (Widget クラス)　28

あ　行

アクションバー　→ ActionBar
アトラス　130, 175
アプリオブジェクト　19
アプリクラス　19

イベント　7
インクルード (KV ファイル)　59
インストール (Kivy の)　8
インデント (KV 言語)　51
インプットプロバイダ　40
インポート (KV 言語)　59

ウィジェット　7, 14

ウィジェットイベント　34
ウィジェットツリー　14, 41
ウィジェットの重ね合わせ　→ AnchorLayout
ウィジェットルール　49, 51

映像のキャプチャ　169
円弧　74

オブザーバーパターン　7, 34
オブジェクト (JSON)　108
オープンソースライブラリ　1

か　行

解像度 (resolution)　73
カウンタープログラム　21, 53, 62
書込み (ini ファイル)　104
画像が入れ替わるアニメーション (Image)　134
画像の表示　→ Image
カメラ (Camera)　169
環境変数 (Kivy)　110
関連プロジェクト (Kivy)　119

キャンバス　7, 63, 65

クラスルール　49, 61, 62
グラフ　5, 173
　最大マッチング　96, 173
クロスプラットフォーム　2
クロックイベント　34, 38

子ウィジェットのスクロール表示　→ ScrollView
公式サイト (Kivy)　1
コメント文 (KV 言語)　51
コンテキスト命令　66, 68

さ　行

サイズ　25
最大マッチング　5, 96, 173
座標の原点　25
三角形 (Triangle)　75

索　引

四角形 (Quad)　76
進行状況の可視化　→ ProgressBar

スイッチ (オンオフ切り替え)　→ Switch
スクリーン切替のアニメーション効果
　　(ScreenManager)　160
スクリーンショットを取得 (Window)　116
スクリーンマネージャ　15, 158
ストップウォッチのプログラム　38
スライド操作　→ Slider

絶対座標系　25, 156
絶対指定　25
セッティング GUI　106, 109

相対座標系　25, 156
相対指定　25

た　行

楕円 (Ellipse)　76
タグ (Label)　127
タッチイベント　34, 40, 41
タブパネル (TabbedPanel)　147
単位　30
単位変換　30

チェックボックス (CheckBox)　130
長方形 (Rectangle)　75

定数の宣言 (KV 言語)　59
テキスト入力　→ TextInput
デコレータ　34
デフォルトタブ (TabbedPanel)　149
デフォルトのファイル名 (KV ファイル)　48
デフォルト名 (ini ファイル)　102

動画　171
動的クラス　56, 61
トグルボタン (ToggleButton)　132
ドロップダウン (DropDown)　136

な　行

日本語　30
日本語入力　31

根付き木　14, 174

は　行

背景色 (Button)　130
バインド　34
バウンディングボックス　17
バージョン確認 (KV 言語)　59
パーツ　15
パラメータ設定 (Kivy)　104

描画命令　66, 70

フォントを変える (Label)　127
吹き出し (Bubble)　135
縁付き画像 (BorderImage)　76
プロパティ　7, 34, 54, 62
プロパティ (KV 言語)　63
プロパティイベント　7, 34, 35, 37
プロパティクラス　35
　BoundedNumericProperty クラス　36
　ListProperty クラス　62
　NumericProperty クラス　35, 82
　Property クラス　36
　StringProperty クラス　35

ポーズモード　100
ボタン (Button)　128

ま　行

マッチメイカー　5, 86
　DrawField クラス　91
　Edge クラス　90
　main.py　86
　matchmaker.kv　87
　Vertex クラス　91

マッチング 173
魔方陣 4
魔方陣パズル 4, 79
 Board クラス 83
 CheckView クラス 85
 Const クラス 84
 GoToButton クラス 82
 magic.kv 80
 MagicApp クラス 80
 main.py 79
 NumInput クラス 85
 Root クラス 81
 Title クラス 82

メインループ 19, 34, 98

文字コード 30
モーションイベント 40

文字列の位置を調整 (Label) 127
モーダルビュー (ModalView) 141
モデル・ビュー・コントローラ 143

や 行

読込み (ini ファイル) 103

ら 行

ライブラリ (Kivy) 10
ラジオボタン (CheckBox) 130
ラベル (Label) 125

ルートウィジェット 14, 54, 98

レイアウト 15, 150

監修者略歴

久<ruby>保<rt></rt></ruby>幹<ruby>雄<rt>みきお</rt></ruby>

<small>(くぼみきお)</small>

1963年　埼玉県に生まれる
1990年　早稲田大学大学院理工学研究科
　　　　博士後期課程修了
現　在　東京海洋大学教授
　　　　博士（工学）
　　　　スケジューリング学会会長

著者略歴

原口和也

<small>(はらぐちかずや)</small>

1978年　福岡県に生まれる
2007年　京都大学大学院情報学研究科
　　　　博士課程修了
現　在　小樽商科大学商学部准教授
　　　　博士（情報学）

実践 Python ライブラリー
Kivy プログラミング
―Python でつくるマルチタッチアプリ―

定価はカバーに表示

2018年6月10日　初版第1刷
2021年1月25日　　　第4刷

監修者　久　保　幹　雄
著　者　原　口　和　也
発行者　朝　倉　誠　造
発行所　株式会社　朝　倉　書　店

　　　　東京都新宿区新小川町6-29
　　　　郵便番号　162-8707
　　　　電　話　03(3260)0141
　　　　ＦＡＸ　03(3260)0180
　　　　http://www.asakura.co.jp

〈検印省略〉

© 2018〈無断複写・転載を禁ず〉　　Printed in Korea

ISBN 978-4-254-12896-3　C 3341

JCOPY ＜出版者著作権管理機構 委託出版物＞

本書の無断複写は著作権法上での例外を除き禁じられています．複写される場合は，そのつど事前に，出版者著作権管理機構（電話 03-5244-5088, FAX 03-5244-5089, e-mail: info@jcopy.or.jp）の許諾を得てください．

愛媛大 十河宏行著
実践Pythonライブラリー
心理学実験プログラミング
―Python/PsychoPyによる実験作成・データ処理―
12891-8 C3341　　　　A5判 192頁 本体3000円

Python(PsychoPy)で心理学実験の作成やデータ処理を実践。コツやノウハウも紹介。〔内容〕準備(プログラミングの基礎など)/実験の作成(刺激の作成、計測)/データ処理(整理、音声、画像)/付録(セットアップ、機器制御)

前東大 小柳義夫監訳
実践Pythonライブラリー
計 算 物 理 学 Ⅰ
―数値計算の基礎/HPC/フーリエ・ウェーブレット解析―
12892-5 C3341　　　　A5判 376頁 本体5400円

Landau et al., Computational Physics: Problem Solving with Python, 3rd ed.を2分冊で。理論からPythonによる実装まで解説。〔内容〕誤差/モンテカルロ法/微積分/行列/データのあてはめ/微分方程式/HPC/フーリエ解析/他

前東大 小柳義夫監訳
実践Pythonライブラリー
計 算 物 理 学 Ⅱ
―物理現象の解析・シミュレーション―
12893-2 C3341　　　　A5判 304頁 本体4600円

計算科学の基礎を解説したⅠ巻につづき、Ⅱ巻ではさまざまな物理現象を解析・シミュレーションする。〔内容〕非線形系のダイナミクス/フラクタル/熱力学/分子動力学/静電場解析/熱伝導/波動方程式/衝撃波/流体力学/量子力学/他

慶大 中妻照雄著
実践Pythonライブラリー
Pythonによる ファイナンス入門
12894-9 C3341　　　　A5判 176頁 本体2800円

初学者向けにファイナンスの基本事項を確実に押さえた上で,Pythonによる実装をプログラミングの基礎から丁寧に解説。〔内容〕金利・現在価値・内部収益率・債権分析/ポートフォリオ選択/資産運用における最適化問題/オプション価格

海洋大 久保幹雄監修　東邦大 並木 誠著
実践Pythonライブラリー
Pythonによる 数理最適化入門
12895-6 C3341　　　　A5判 208頁 本体3200円

数理最適化の基本的な手法をPythonで実践しながら身に着ける。初学者にも試せるようにプログラミングの基礎から解説。〔内容〕Python概要/線形最適化/整数線形最適化問題/グラフ最適化/非線形最適化/付録:問題の難しさと計算量

同志社大 津田博史監修　新生銀行 嶋田康史編著
FinTechライブラリー
ディープラーニング入門
―Pythonではじめる金融データ解析―
27583-4 C3334　　　　A5判 216頁 本体3600円

金融データを例にディープラーニングの実装をていねいに紹介。〔内容〕定番非線形モデル/ディープニューラルネットワーク/金融データ解析への応用/畳み込みニューラルネットワーク/ディープラーニング開発環境セットアップ/ほか

東大 山口 泰著
Javaによる 3D CG 入 門
12210-7 C3041　　　　B5判 176頁 本体2800円

Javaによる2次元・3次元CGの基礎を豊富なプログラミングの例題とともに学ぶ入門書。「第Ⅰ部 Java AWTによる2次元グラフィクス」と「第Ⅱ部 JOGLによる3次元グラフィクス」の二部構成で段階的に学習。

東大 神崎亮平編著
昆 虫 の 脳 を つ く る
―君のパソコンに脳をつくってみよう―
10277-2 C3040　　　　A5判 224頁 本体3700円

昆虫の脳をコンピュータ上に再現する世界初の試みを詳細に解説。普通のパソコンで昆虫脳のシミュレーションを行うための手引きも掲載。〔目次〕昆虫の脳をつくる意味/なぜカイコガを使うのか/脳地図作成の概要とソフトウェア/他

国立国語研 前川喜久雄監修
奈良先端大 松本裕治・東工大 奥村 学編
講座　日本語コーパス8
コーパスと自然言語処理
51608-1 C3381　　　　A5判 192頁 本体3400円

自然言語処理の手法・技術がコーパスの構築と運用に果たす役割を各方面から解説。〔内容〕コーパスアノテーション/形態素解析・品詞タグ付与・固有表現解析/統語解析/意味解析/語彙概念と述語項構造/照応解析・文章構造解析/他

日大 荻野綱男著
ウェブ検索による日本語研究
51044-7 C3081　　　　B5判 208頁 本体2900円

検索エンジンを駆使し、WWWの持つ膨大な情報をデータベースとして日本語学を計量的に捉える、初学者向け教科書。WWWの情報の性格、複合語の認識、各種の検索、ヒット数の意味などを解説し、レポートや研究での具体的な事例を紹介。

上記価格（税別）は2020年 12月現在